季羡林谈做人

◎季羡林／著

D
党建读物出版社

图书在版编目（CIP）数据

季羡林谈做人 / 季羡林著 . — 北京 ：党建读物出版社，2020.9

ISBN 978-7-5099-1287-4

Ⅰ. ①季… Ⅱ. ①季… Ⅲ. ①人生哲学—通俗读物 Ⅳ. ① B821-49

中国版本图书馆 CIP 数据核字（2020）第 013057 号

季羡林谈做人

JI XIANLIN TAN ZUOREN

季羡林　著

责任编辑：何羽

责任校对：钱玲娣

装帧设计：缪惟＋缪朗

出版发行：党建读物出版社

地　　址：北京市西城区西长安街 80 号东楼（邮编：100815）

网　　址：http://www.djcb71.com

电　　话：010-58589989/9947

经　　销：新华书店

印　　刷：北京中科印刷有限公司

2020 年 9 月第 1 版　2020 年 9 月第 1 次印刷

880 毫米 ×1230 毫米　32 开本　6.625 印张　122 千字

ISBN 978-7-5099-1287-4　定价：20.00 元

出版说明

季羡林（1911—2009）是我国著名语言学家、翻译家、作家，许多出版社都曾以不同形式出版过季羡林著作。为提高广大党员干部文化修养，帮助广大读者了解学习文化名家的爱国情怀、人生感悟、处世之道、为学之法，我们编选了这套书，分专题选取季羡林关于爱国、文化、和谐、人生、做人、学习、国学、自身等方面的有关文章结集出版。在选编和编辑过程中，保持了作品原貌，仅在个别地方作了文字订正；有的篇目进行了节选；有的题目为编者所加。特此说明。

2020 年 9 月

目　录

尊师

回忆雨僧先生*

雨僧先生离开我们已经十多年了。作为他的受业弟子，我同其他弟子一样，始终在忆念着他。

雨僧先生是一个奇特的人，身上也有不少的矛盾。他古貌古心，同其他教授不一样，所以奇特。他言行一致，表里如一，同其他教授不一样，所以奇特。别人写白话文，写新诗；他偏写古文，写旧诗，所以奇特。他反对白话文，但又十分推崇用白话写成的《红楼梦》，所以矛盾。他看似严肃、古板，但又颇有一些恋爱的浪漫史，所以矛盾。他能同青年学生来往，但又凛然、俨然，所以矛盾。

总之，他是一个既奇特又矛盾的人。

我这样说，不但丝毫没有贬意，而且是充满了敬意。雨僧先生在旧社会是一个不同流合污、特立独行的畸人，是一个真

---

* 文为《回忆吴宓先生》一书的序言。雨僧即吴宓。

正的人。

当年在清华读书的时候，我听过他几门课："英国浪漫诗人"、"中西诗之比较"等。他讲课认真、严肃，有时候也用英文讲，议论时有警策之处。高兴时，他也把自己新写成的旧诗印发给听课的同学，十二首《空轩》就是其中之一。这引得编《清华周刊》的学生秀才们把他的诗译成白话，给他开了一个不大不小而又无伤大雅的玩笑。他一笑置之，不以为忤。他的旧诗确有很深的造诣，同当今想附庸风雅的、写一些根本不像旧诗的"诗人"，决不能同日而语。他的"中西诗之比较"实际上讲的就是比较文学。当时这个名词还不像现在这样流行。他实际上是中国比较文学的奠基人之一，值得我们永远怀念的。

他坦诚率真，十分怜才。学生有一技之长，他决不掩没，对同事更是不懂得什么叫忌妒。他在美国时，邂逅结识了陈寅恪先生。他立即驰书国内，说："合中西新旧各种学问而统论之，吾必以寅恪为全中国最博学之人。"也许就是由于这个缘故，他在清华作为西洋文学系的教授而一度兼国学研究院的主任。

他当时给天津《大公报》主编一个《文学副刊》。我们几个喜欢舞笔弄墨的青年学生，常常给副刊写点书评一类的短文，因而无形中就形成了一个小团体。我们曾多次应邀到他那在工字厅的住处：藤影荷声之馆去做客，也曾被请在工字厅的教授们的西餐餐厅去吃饭。这在当时教授与学生之间存在着一条看不见但感觉到的鸿沟的情况下，是非常难能可贵的。至今回忆起来还感到温暖。

我离开清华以后，到欧洲去住了将近十一年。回到国内时，清华和北大刚刚从云南复员回到北平。雨僧先生留在四川，没有回来。其中原因，我不清楚，也没有认真去打听。但是，我心中却有一点疑团：这难道会同他那耿直的为人有某些联系吗？是不是有人早就把他看做眼中钉了呢？在这漫长的几十年内，我只在六十年代初期，在燕东园李赋宁先生家中拜见过他。以后就再没有见过面。

在“十年浩劫”中，他当然不会幸免。听说，他受过惨无人道的折磨，挨了打，还摔断了什么地方，我对此丝毫也不感到奇怪。以他那种奇特的特立独行的性格，他决不会投机说谎，决不会媚俗取巧，受到折磨，倒是合乎规律的。反正知识久已不值一文钱，知识分子被视为“老九”。在黄钟毁弃、瓦釜雷鸣的时代，我们又有什么话好说呢？雨僧先生受到的苦难，我有意不去仔细打听，不知道反而能减轻良心上的负担。至于他有什么想法，我更是无从得知。现在，他终于离开我们，走了。从此人天隔离，永无相见之日了。

雨僧先生这样一个奇特的人，这样一个不同流合污特立独行的人，是会受到他的朋友们和弟子们的爱戴和怀念的。现在编集的这一本《回忆吴宓先生》就是一个充分的证明。

他的弟子和朋友都对他有自己的一份怀念之情，自己的一份回忆。这些回忆不可能完全一样，因为每一个人都有自己观察事物和人物的角度和特点。但是又不可能完全不一样。因为回忆的毕竟是同一个人——我们敬爱的雨僧先生。这一部回忆录就是这样一部既不一样又不不一样的汇合体。从这个一样又不一样的汇合体中可以反照出雨僧先生整个的性格和人格。

我是雨僧先生的弟子之一，在贡献上我自己那一份回忆之余，又应编者的邀请写了这一篇序。这两件事都是我衷心愿意去做的，也算是我献给雨僧先生的心香一瓣吧。

1989 年 3 月 22 日

晚节善终，大节不亏
——悼念冯芝生（友兰）先生

芝生先生离开我们，走了。对我来说，这噩耗既在意内，又出意外。约莫三四个月以前，我曾到医院去看过他，实际上含有诀别的意味。但是，过了不久，他又奇迹般地出了院。后来又听说，他又住了进去。以九十五周岁的高龄，对医院这样几出几进，最后终于永远离开了医院，也离开了我们。难道说这还不是意内之事吗？

可是芝生先生对自己的长寿是充满了信心的。他在八八自寿联中写道：

何止于米？相期以茶。
胸怀四化，寄意三松。

米寿指八十八岁，茶寿指一百零八岁。他活到九十五岁，离茶寿还有十三年，当然不会满足的。去年，中国文化书院准备为他庆祝九十五岁诞辰，并举办国际学术讨论会。他坚持要到今年九十五周岁时举办。可见他信心之坚。他这种信心也感染了我们。我们都相信，他会创造奇迹的。今年的庆典已经安排妥帖，国内外请柬都已发出，再过一个礼拜，就要举行了，可惜他偏在此时离开了我们，使庆祝改为悼念，不说这是意外又是什么呢？

在芝生先生弟子一辈的人中，我可能是接触到冯友兰这个名字的最早的人。1926年，我在济南一所高中读书。这是一所文科高中。课程中除了中外语文、历史、地理、心理、伦理、《诗经》、《书经》等等以外，还有一门人生哲学，用的课本就是芝生先生的《人生哲学》。我当时只有十五岁，既不懂人生，也不懂哲学。但是对这一门课的内容，颇感兴趣。从此芝生先生的名字，就深深地印在我的心中。我认为，他是一个高不可攀的大人物。屈指算来，现在已有六十四年了。

后来，我考进了清华大学，入西洋文学系。芝生先生是文学院长。当时清华大学规定，文科学生必须选一门理科的课，逻辑学可以代替。我本来有可能选芝生先生的课，临时改变主意，选了金岳霖先生的课。因此我一生没有上过芝生先生的课。在大学期间，同他根本没有来往，只是偶尔听他的报告或者讲话而已。

时过境迁，我大学毕业后，当了一年高中国文教员，到欧洲去飘泊了将近十一年。抗日战争后，回到了祖国。由于陈寅恪先生的介绍，到北大来工作。这时芝生先生从大后方复员回到北平，仍然在清华任教。我们没有接触的机会。只是偶尔从别人口中得知芝生先生在西南联大时的情况，也有过一些议论。这在当时是难以避免的。至于真相究竟如何，谁也不去探究了。

不久就迎来了解放。据我的推测，芝生先生本来有资格到台湾去的。然而他留下没走，同我们共同度过了一段既感到光明、又感到幸福的时刻。至于他是怎样想的，我完全不知道。不管怎样，他的朋友和弟子们从此对他有了新的认识，这却是事实。他曾给毛泽东同志写过一封信，毛主席回复了一封比较长的信。“十年浩劫”期间，我听他亲口读过。他当时是异常激动的。此是后话，这里暂且不表了。

不久，我国政府组成了一个文化代表团，应邀赴印度和缅甸访问。这是新中国开国后第一个比较大型的出访代表团。团员中颇有一些声誉卓著、有代表性的学者、文学家和艺术家。丁西林任团长，郑振铎、陈翰笙、钱伟长、吴作人、常书鸿、张骏祥、周小燕等等，以及芝生先生都是团员，我也滥竽其中。秘书长是刘白羽。因为这个团很重要，周总理亲自关心组团的工作，亲自审查出国展览的图片。记得是，1951 年整个夏天，我们都在做准备工作，最费事的是画片展览。我们到处拍摄、搜集能反映新中国新气象的图片，最后汇总在故宫里面的一个大殿里，满满的一屋子，请周总理最后批准。我们忙忙碌碌，过了一个异常紧张但又兴奋愉快的夏天。

那一年国庆节前，我们到了广州，参加了观礼活动。我们在广州又住了一段时间，将讲稿或其他文件译为英文，做好最后的准备工作。此时，广州解放时间不长，国民党的飞机有时还来骚扰，特务活动也时有所闻。我们出门，都有便衣怀藏手枪的保安人员跟随，暗中加以保护。我们一切都准备好后，便乘车赴香港，换乘轮船，驶往缅甸，开始了对五天竺和缅甸的长达几个月的长征。……

从此以后，我们全团十几个人就马不停蹄，跋山涉水，几乎是一天换一个新地方，宛如走马灯一般，脑海里天天有新印象，眼前时时有新光景，乘船，乘汽车，乘火车，乘飞机，几乎看尽了春、夏、秋、冬四季风光，享尽了印缅人民无法形容的热情的款待。我不能忘记，我们曾在印度洋的海船上，看飞鱼飞跃。晚上在当空的皓月下，面对浩渺蔚蓝的波涛，追怀往事。我不能忘记，我们在印度闻名世界的奇迹泰姬陵上欣赏“琼楼玉宇高处不胜寒”的奇景。我不能忘记，我们在亚洲大陆最南端科摩林海角沐浴大海，晚上共同招待在黑暗中摸黑走八十里路、目的只是想看一看中国代表团的印度青年。我不能忘记，我们在佛祖释迦牟尼打坐成佛的金刚座旁留连瞻谒，我从印度空军飞机驾驶员手中接过几片菩提树叶，而芝生先生则用口袋装了一点金刚座上的黄土。我不能忘记，我们在金碧辉煌的土邦王公的天方夜谭般的宫殿里，共同享受豪华晚餐，自己也仿佛进入了童话世界。我不能忘记，在缅甸茵莱湖上，看缅甸船主独脚划船。我不能忘记，我们在加尔各答开着电风扇，啃着西瓜，度过新年。我不能忘记的事情太多太多了，怎么说也是说不完的。一想起印缅之行，我脑海里就成了万花筒，光怪陆离，五彩缤纷。中间总有芝生先生的影子在，他长须飘胸，道貌岸然。其他团员也都各具特点，令人忆念难忘。这情景，当时已道不寻常，何况现在事后追思呢？

根据解放后一些代表团出国访问的经验，在团员与团员之间的关系方面，往往可以看出三个阶段。初次聚在一起时，大家都和和睦睦，客客气气。后来逐渐混熟了，渐渐露出真面目，放言无忌。到了后期，临解散以前，往往又对某一些人心怀不满，胸有芥蒂。这个三段论法，真有点厉害，常常真能兑现。

但是，我们的团却不是这个样子。

我们自始至终，都是能和睦相处的。我们团中还产生了一对情侣，后来有情人终成了眷属。可见气氛之融洽。在所有的团员和工作人员中，最活跃的是郑振铎先生。他身躯高大魁梧，说话声音宏亮。虽然已经渐入老境，但不失其赤子之心。他同谁都谈得来，也喜欢开个玩笑，而最爱抬杠。团中爱抬杠者，大有人在。代表团成立了一个抬杠协会，简称杠协。大家想选一个会长，领袖群伦。于是月旦群雄，最后觉得郑先生喜抬杠，而不自知其为抬杠，已经达到抬杠圣境，圆融无碍。大家一致推选他为杠协会长。在他领导之下，团中杠业发达，皆大欢喜。

郑先生同芝生先生年龄相若，而风格迥异。芝生先生看上去很威严，说话有点口吃。但有时也说点笑话，足征他是一个懂得幽默的人。郑先生开玩笑的对象往往就是芝生先生。他经常喊芝生先生为“大胡子”，不时说些开玩笑的话。有一次，理发师正给芝生先生刮脸，郑先生站在旁边起哄，连声对理发师高呼：“把他的络腮胡子刮掉！”理发师不知所措，一失手，真把胡子刮掉一块。这时候，郑先生大笑，旁边的人也陪着哄笑。然而芝生先生只是微微一笑，神色不变，可见先生的大度包容的气概。《世说新语》载：“王子猷、子敬曾俱坐一室，上忽发火。子猷遽走避，不惶取屐。子敬神色恬然，徐唤左右，扶凭而出，不异平常。世以此定二王神宇。”芝生先生的神宇有点近似子敬。

上面举的只是一件微末小事。但是由小可以见大。总之，我们的代表团就是在这种熟悉而不亵渎、亲切而互相尊重的气氛中，共同生活了半年。我得以认识芝生先生，也是在一段时期内的事。屈指算来，到现在也近四十年了。

对于芝生先生的专门研究领域，中国哲学史，我几乎完全是一个门外汉，不敢胡言乱语。但是他治中国哲学史的那种坚韧不拔的精神，我却是能体会到的，而且是十分敬佩的。为了这一门学问，他不知遭受了多少批判。他提倡的道德抽象继承论，也同样受到严厉的诡辩式的批判。但是，他能同时在几条战线上应战，并没有被压垮。他坚持真理，修正错误，不惜以今日之我非昨日之我，经常在修订他的《中国哲学史》，我说不清已经修订过多少次了。我相信，倘若能活到一百零八岁，他仍然是要继续修订的。只是这一点精神，难道还不值得我们认真学习吗？

芝生先生走过了九十五年的漫长的人生道路。九十五岁几乎等于一个世纪。自从公元建立后，至今还不到二十个世纪。芝生先生活了公元的二十分之一，时间够长的了。他一生经历了清代、民国、洪宪、军阀混乱、国民党统治、抗日战争，一直迎来了解放。道路并不总是平坦的，有阳关大道，也有独木小桥，曲曲折折，坎坎坷坷。然而芝生先生以他那奇特的乐观精神和适应能力，不断追求真理，追求光明，忠诚于自己的学术事业，热爱祖国，热爱祖国的传统文化，终于走完了人生长途，仰不愧于天，俯不怍于地。我们可以说是他晚节善终，大节不亏。他走了一条中国老知识分子应该走的道路。在他身上，我们是可以学习到很多东西的。

芝生先生！你完成了人生的义务，掷笔去逝，把无限的怀思留给了我们。

芝生先生！你度过漫长疲劳的一生，现在是应该休息的时候了。你永远休息吧！

1990年12月3日

西谛先生

西谛先生不幸逝世，到现在已经有二十多年了。听到飞机失事的消息时，我正在莫斯科。我仿佛当头挨了一棒，惊愕得说不出话来。我是震惊多于哀悼，惋惜胜过忆念，而且还有点儿惴惴不安。当我登上飞机回国时，同一架飞机中就放着西谛先生等六人的骨灰盒。我百感交集。当时我的心情之错综复杂可想而知。从那以后，在这样漫长的时间内，我不时想到西谛先生。每一想到，都不禁悲从中来。到了今天，震惊、惋惜之情已逝，而哀悼之意弥增。这哀悼，像烈酒，像火焰，燃烧着我的灵魂。

倘若论资排辈的话，西谛先生是我的老师。30 年代初期，我在清华大学读西洋文学系。但是从小学起，我对中国文学就有浓厚的兴趣。西谛先生是燕京大学中国文学系的教授，在清华兼课。我曾旁听过他的课。在课堂上，西谛先生是一个渊博的学者，掌握大量的资料，讲起课来，口若悬河泻水，滔滔不绝。他那透过高度的近视眼镜从讲台上向下看挤满了教室的学生的神态，至今仍宛然如在目前。

当时的教授一般都有一点儿所谓“教授架子”。在中国话里，“架子”这个词儿同“面子”一样，是难以捉摸、难以形容描绘的，好像非常虚无缥缈，但它又确实存在。有极少数教授自命清高，但精神和物质待遇却非常优厚。在他们心里，在别人眼中，他们好像是高人一等，不食人间烟火，而实则饱餍粱肉，进可以攻，退可以守，其中有人确实也是官运亨通，青云直上，成了令人羡慕的对象。存在决定意识，因此就产生了架子。

这些教授的对立面就是我们学生。我们的经济情况有好有坏，但是不富裕的占大多数，然而也不至于挨饿。我当时就是这样一个学生。处境相同，容易引起类似同病相怜的感情；爱好相同，又容易同声相求。因此，我就有了几个都是爱好文学的伙伴，经常在一起，其中有吴组缃、林庚、李长之等等。虽然我们所在的系不同，但却常常会面，有时在工字厅大厅中，有时在大礼堂里，有时又在荷花池旁“水木清华”的匾下。我们当时差不多都才 20 岁左右，阅世未深，尚无世故，正是天不怕、地不怕的时候。我们经常高谈阔论，臧否天下人物，特别是古今文学家，直抒胸臆，全无顾忌。幼稚恐怕是难免的，但是没有一点儿框框，却也有可爱之处。我们好像是《世说新语》中的人物，任性纵情，毫不矫饰。我们谈论《红楼梦》，我们谈论《水浒》，我们谈论《儒林外史》，每个人都努力发一些怪论，“语不惊人死不休”。记得茅盾的《子夜》出版时，我们间曾掀起一场颇为热烈的大辩论，我们辩论的声音在工字厅大厅中回荡。但事过之后，谁也不再介意。我们有时候也把自己写的东西，什么诗歌之类，拿给大家看，而且自己夸耀哪句是神来之笔，一点儿也不脸红。现在想来，好像是别人干的事，然而确实是自己干的事，这样的率真只在那时候能有，以后只能追忆珍惜了。

在当时的社会上，封建思想弥漫，论资排辈好像是天经地义。一个青年要想出头，那是非常困难的。如果没有奥援，不走门子，除了极个别的奇才异能之士外，谁也别想往上爬。那些少数出身于名门贵阀的子弟，他们丝毫也不担心，毕业后爷老子有的是钱，可以送他出洋镀金，回国后优缺美差在等待着他们。而绝大多数的青年经常为所谓“饭碗问题”担忧，我们也曾为“毕业即失业”这一句话吓得发抖。我们的一线希望就寄托在教授身上。在我们眼中，教授简直如神仙中人，高不可攀。教授们自然也是感觉到这一点的，他们之所以有架子，同这种情况是分不开的。我们对这种架子已经习以为常，不以为怪了。

我就是在这样的气氛中认识西谛先生的。

最初我当然对他并不完全了解。但是同他一接触，我就感到他同别的教授不同，简直不像是一个教授。在他身上，看不到半点儿教授架子；他也没有一点儿论资排辈的恶习。他自己好像并不觉得比我们长一辈，他完全是以平等的态度对待我们。他有时就像一个大孩子，不失其赤子之心。他说话非常坦率，有什么想法就说了出来，既不装腔作势，也不以势吓人。他从来不想教训人，任何时候都是亲切和蔼的。当时流行在社会上的那种帮派习气，在他身上也找不到。只要他认为有一技之长的，不管是老年、中年还是青年，他都一视同仁。因此，我们在背后就常常说他是一个宋江式的人物。他当时正同巴金、靳以主编一个大型的文学刊物《文学季刊》，按照惯例是要找些名人来当主编或编委的，这样可以给刊物镀上一层金，增加号召力量。他确实也找了一些名人，但是像我们这样一些无名又年轻之辈，他也决不嫌弃。我们当中有的人当上了主编，有的人当上特别撰稿人。自己的名字都煌煌然印在杂志的封面上，我们难免有些沾沾自喜。西谛先生对青年人的爱护，除了鲁迅先生外，恐怕并世无二。说老实话，我们有时候简直感到难以理解，有点儿受宠若惊了。

在这样的情况下，我们既景仰他学问之渊博，又热爱他为人之亲切平易，于是就很愿意同他接触。只要有机会，我们总去旁听他的课。有时也到他家去拜访他。记得在一个秋天的夜晚，我们几个人步行，从清华园走到燕园。他的家好像就在今天北大东门里面大烟筒下面。现在时过境迁，房子已经拆掉，沧海桑田，面目全非了。但是在当时给我的印象却是异常美好、至今难忘的。房子是旧式平房，外面有走廊，屋子里有地板，我的印象是非常高级的住宅。屋子里排满了书架，都是珍贵的红木做成的，整整齐齐地摆着珍贵的古代典籍，都是人间瑰宝，其中明清小说、戏剧的收藏更在全国首屈一指。屋子的气氛是优雅典丽的，书香飘拂在画栋雕梁之间。我们都狠狠地羡慕了一番。

总之，我们对西谛先生是尊敬的，是喜爱的。我们在背后常常谈到他，特别是他那些同别人不同的地方，我们更是津津乐道。背后议论人当然并不能算是美德，但是我们一点儿恶意都没有，只是觉得好玩而已。比如他的工作方式，我们当时就觉得非常奇怪。他兼职很多，常常奔走于城内城外。当时交通还不像现在这样方便。清华、燕京，宛如一个村镇，进城要长途跋涉。校车是有的，但非常少，有时候要骑驴，有时候坐人力车。西谛先生挟着一个大皮包，总是装满了稿子，鼓鼓囊囊的。他戴着深度的眼镜，跨着大步，风尘仆仆，来往于清华、燕京和北京城之间。我们在背后说笑话，说郑先生走路就像一只大骆驼。可是他一坐上校车，就打开大皮包拿出稿子，写起文章来。

据说他买书的方式也很特别。他爱书如命，认识许多书贾，一向不同书贾讲价钱，只要有好书，他就留下，手边也不一定就有钱偿付书价，他留下以后，什么时候有了钱就还账，没有钱就用别的书来对换。他自己也印了一些珍贵的古籍，比如《插图本中国文学史》、《玄览堂丛书》之类。他有时候也用这些书去还书债。书贾愿意拿什么书，就拿什么书。他什么东西都喜欢大、喜欢多，出书也有独特的气派，与众不同。所有这一切我们也都觉得很好玩，很可爱。这更增加我们对他的敬爱。在我们眼中，西谛先生简直像长江大河，汪洋浩瀚；泰山华岳，庄严敦厚。当时的某一些名人同他一比，简直如小水洼、小土丘一般，有点儿微不足道了。

但是时间只是不停地逝去，转瞬过了四年，大学要毕业了。清华大学毕业以后，我回到故乡去，教了一年高中。我学的是西洋文学，教的却是国文，用现在的话说，就是“不结合业务”，因此心情并不很愉快。在这期间，我还同西谛先生通过信。他当时在上海，主编《文学》。我寄过一篇散文给他，他立即刊登了。他还写信给我，说他编了一个什么丛书，要给我出一本散文集。我没有去搞，所以也没有出成。过了一年，我得到一份奖学金，到很远的一个国家里去住了十年。从全世界范围来看，这正是一个天翻地覆的时代。在国内，有外敌入侵，大半个祖国变了颜色；在国外，正在进行着第二次世界大战。我在国外，挨饿先不必说，光是每天躲警报，就真够呛。杜甫的诗：“烽火连三月，家书抵万金。”我的处境是“烽火连十年，家书无从得”。同西谛先生当然失去了联系。

一直到了1946年的夏天，我才从国外回到上海。去国十年，飘洋万里，到了那繁华的上海，连个落脚的地方都没有。

我曾在克家的榻榻米上睡过许多夜。这时候，西谛先生也正在上海。我同克家和辛笛去看过他几次，他还曾请我们吃过饭。他的老母亲亲自下厨房做福建菜，我们都非常感动，至今难以忘怀。当时上海反动势力极为猖獗。郑先生是他们的对立面。他主编一个争取民主的刊物，推动民主运动。反动派把他也看做眼中钉，据说是列入了黑名单。有一次，我同他谈到这个问题。完全出乎我的意料，他的面孔一下子红了起来，怒气冲冲，声震屋瓦，流露出极大的义愤与轻蔑。几十年来他给我的印象是和蔼可亲，平易近人，光风霁月，菩萨慈眉。我万万没有想到，他还有另一面：疾恶如仇，横眉冷对，疾风迅雷，金刚怒目。原来我只是认识了西谛先生的一面，对另一面我连想都没有想过。现在总算比较完整地认识西谛先生了。

有一件事情，我还要在这里提一下。我在上海时曾告诉郑先生，我已应北京大学之聘，担任梵文讲座。他听了以后，喜形于色，他认为，在北京大学教梵文简直是理想的职业。他对梵文文学的重视和喜爱溢于言表。1948 年，他在他主编的《文艺复兴·中国文学专号》的《题辞》中写道："关于梵文学和中国文学的血脉相通之处，新近的研究呈现了空前的辉煌。北京大学成立了东方语文学系，季羡林先生和金克木先生几位都是对梵文学有深刻研究的。……在这个'专号'里，我们邀约了王重民先生、季羡林先生、万斯年先生、戈宝权先生和其他几位先生们写这个'专题'。我们相信，这个工作一定会给国内许多的做研究工作者们以相当的感奋的。”西谛先生对后学的鼓励之情洋溢于字里行间。

解放后不久，西谛先生就从上海绕道香港到了北京。我们都熬过了寒冬，迎来了春天，又在这文化古都见了面，分外高兴。又过了不久，他同我都参加了新中国开国后派出去的第一个大型文化代表团，到印度和缅甸去访问。在国内筹备工作进行了半年多，在国外和旅途中又用了四五个月。我认识西谛先生已经几十年了，这一次是我们相聚最长的一次，我认识他也更清楚了，他那些优点也表露得更明显了。我更觉得他像一个不失其赤子之心的大孩子，胸怀坦荡，耿直率真。他喜欢同人辩论，有时也说一些歪理。但他自己却一本正经，他同别人抬杠而不知是抬杠。我们都开玩笑说，就抬杠而言，他已达到出神入化的境界，应该选他为“抬杠协会主席”，简称之为“杠协主席”。出国前在检查身体的时候，他糖尿病已达到相当严重的程度，有几个“+”号。别人替他担忧，他自己却丝毫不放在心上，喝酒吃点心如故。他那豁达大度的性格，在这里也表现得非常鲜明。

回国以后，我经常有机会同他接触。他担负的行政职务更重了。有一段时间，他在北海团城里办公，我有时候去看他，那参天的白皮松给我留下了难忘的印象。这时候他对书的爱好似乎一点儿也没有减少。有一次他让我到他家去吃饭。他像从前一样，满屋堆满了书，大都是些珍本的小说、戏剧、明清木刻，满床盈案，累架充栋。一谈到这些书，他自然就眉飞色舞。我心里暗暗地感到庆幸和安慰，我暗暗地希望西谛先生能够这样活下去，多活上许多年，多给人民做一些好事情……

但是正当他充满了青春活力，意气风发，大踏步走上前去的时候，好像一声晴天霹雳，西谛先生不幸过早地离开我们了。他逝世时的情况是什么样子，谁也说不清楚。我时常自己描绘，让幻想驰骋。我知道，这样幻想是毫无意义的，但是自己无论如何也排除不掉。过了几年就爆发了“文化大革命”。我同许多人一样被卷了进去。在以后的将近十年中，我是如临深渊，如履薄冰，天天在战战兢兢地过日子，想到西谛先生的时候不多。间或想到他，心里也充满了矛盾：一方面希望他能活下来，另一方面又庆幸他没有活下来，否则他一定也会同我一样戴上种种的帽子，说不定会关进牛棚。他不幸早逝，反而成了塞翁失马了。

现在，恶贯满盈的“四人帮”终于被打倒了。普天同庆，朗日重辉。但是痛定思痛，我想到西谛先生的次数反而多了起来。将近五十年前的许多回忆，清晰的、模糊的、整齐的、零乱的，一齐涌入我的脑中。西谛先生的一举一动，一颦一笑，时时奔来眼底。我越是觉得前途光明灿烂，就越希望西谛先生能够活下来。像他那样的人，我们是多么需要啊。他一生为了保存祖国的文化，付出了多么巨大的劳动！如果他还能活到现在，那该有多好！然而已经发生的事情是永远无法挽回的。

“念天地之悠悠”，我有时甚至感到有点凄凉了。这同我当前的环境和心情显然是有矛盾的，但我无论如何也抑制不住自己。我常常不由自主地低吟起江文通的名句来：

> 春草暮兮秋风惊，秋风罢兮春草生；绮罗毕兮池馆尽，琴瑟灭兮丘垄平。自古皆有死，莫不饮恨而吞声。

呜呼！生死事大，古今同感。西谛先生只能活在我们回忆中了。

1980 年 1 月 8 日初稿

1981 年 2 月 2 日修改

回忆陈寅恪先生

别人奇怪，我自己也奇怪：我写了这样多的回忆师友的文章，独独遗漏了陈寅恪先生。这究竟是为什么呢？对我来说，这是事出有因，查亦有据的。我一直到今天还经常读陈先生的文章，而且协助出版社出先生的全集。我当然会时时想到寅恪先生的。我是一个颇为喜欢舞笔弄墨的人，想写一篇回忆文章，自是意中事。但是，我对先生的回忆，我认为是异常珍贵的，超乎寻常地神圣的。我希望自己的文章不要玷污了这一点神圣性，故而迟迟不敢下笔。到了今天，北大出版社要出版我的《怀旧集》，已经到了非写不行的时候了。

要论我同寅恪先生的关系，应该从六十五年前的清华大学算起。我于 1930 年考入国立清华大学，入西洋文学系（不知道从什么时候起改名为外国语文系）。西洋文学系有一套完整的教学计划，必修课规定得有条有理，完完整整。但是给选修课留下的时间却是很富裕的。除了选修课以外，还可以旁听或者偷听。教师不以为忤，学生各得其乐。我曾旁听过朱自清、俞平伯、郑振铎等先生的课，都安然无恙，而且因此同郑振铎先生建立了终生的友谊。但也并不是一切都一帆风顺。我同一群学生去旁听冰心先生的课。她当时极年轻，而名满天下。我们是慕名而去的。冰心先生满脸庄严，不苟言笑，看到课堂上挤满了这样多学生，知道其中有“诈”，于是威仪俨然地下了“逐客令”：“凡非选修此课者，下一堂不许再来！”我们悚然而听，憬然而退，从此不敢再进她讲课的教室。四十多年以后，我同冰心重逢，她已经变成了一个慈祥和蔼的老人，由怒目金刚一变而为慈眉菩萨。我向她谈起她当年“逐客”的事情，她已经完全忘记，我们相视而笑，有会于心。

就在这个时候，我旁听了寅恪先生的“佛经翻译文学”。参考书用的是《六祖坛经》，我曾到城里一个大庙里去买过此书。寅恪师讲课，同他写文章一样，先把必要的材料写在黑板上，然后再根据材料进行解释、考证、分析、综合，对地名和人名更是特别注意。他的分析细入毫发，如剥蕉叶，愈剥愈细愈剥愈深，然而一本实事求是的精神，不武断，不夸大，不歪曲，不断章取义。他仿佛引导我们走在山阴道上，盘旋曲折，山重水复，柳暗花明，最终豁然开朗，把我们引上阳关大道。读他的文章，听他的课，简直是一种享受，无法比拟的享受。在中外众多学者中，能给我这种享受的，国外只有亨利希·吕德斯（Heinrich Lüders），在国内只有陈师一人。他被海内外学人公推为考证大师，是完全应该的。这种学风，同后来滋害流毒的“以论代史”的学风，相差不可以道里计。然而，茫茫士林，难得解人，一些鼓其如簧之舌惑学人的所谓“学者”，骄纵跋扈，不禁令人浩叹矣。寅恪师这种学风，影响了我的一生。后来到德国，读了吕德斯教授的书，并且受到了他的嫡传弟子瓦尔德施密特（Waldschmidt）教授的教导和熏陶，可谓三生有幸，可惜自己的学殖瘠茫，又限于天赋，虽还不能说无所收获，然而犹如细流比沧海，空怀仰止之心，徒增效颦之恨。这只怪我自己，怪不得别人。

总之，我在清华四年，读完了西洋文学系所有的必修课程，得到了一个学士头衔。现在回想起来，说一句不客气的话：我从这些课程中收获不大。欧洲著名的作家，什么莎士比亚、歌德、塞万提斯、莫里哀、但丁等等的著作都读过，连现在忽然时髦起来的《尤利西斯》和《追忆似水年华》等等也都读过。然而大都是浮光掠影，并不深入。给我留下深远影响的课反而是一门旁听课和一门选修课。前者就是在上面谈到寅恪师的“佛经翻译文学”；后者是朱光潜先生的“文艺心理学”，也就是美学。关于后者，我在别的地方已经谈过，这里就不再赘述了。

在清华时，除了上课以外，同陈师的接触并不太多。我没到他家去过一次。有时候，在校内林荫道上，在熙往攘来的学生人流中，有时会见到陈师去上课。身着长袍，朴素无华，肘下夹着一个布包，里面装满了讲课时用的书籍和资料。不认识他的人，恐怕大都把他看成是琉璃厂某一个书店的到清华来送书的老板，决不会知道，他就是名扬海内外的大学者。他同当时清华留洋归来的大多数西装革履、发光鉴人的教授，迥乎不同。在这一方面，他也给我留下了毕生难忘的印象，令我受益无穷。

离开了水木清华，我同寅恪先生有一个长期的别离。我在济南教了一年国文，就到了德国哥廷根大学。到了这里，我才开始学习梵文、巴利文和吐火罗文。在我一生治学的道路上，这是一个极关重要的转折点。我从此告别了歌德和莎士比亚，同释迦牟尼和弥勒佛打起交道来。不用说，这个转变来自寅恪先生的影响。真是无巧不成书，我的德国老师瓦尔德施密特教授同寅恪先生在柏林大学是同学，同为吕德斯教授的学生。这样一来，我的中德两位老师同出一个老师的门下。有人说："名师出高徒。"我的老师和太老师们不可谓不"名"矣，可我这个徒却太不"高"了。忝列门墙，言之汗颜。但不管怎样说，这总算是一个中德学坛上的佳话吧。

我在哥廷根十年，正值二战，是我一生精神上最痛苦然而在学术上收获却是最丰富的十年。国家为外寇侵入，家人数年无消息，上有飞机轰炸，下无食品果腹。然而读书却无任何干扰。教授和学生多被征从军。偌大的两个研究所：印度学研究所和汉学研究所，都归我一个人掌管。插架数万册珍贵图书，任我翻阅。在汉学研究所深深的院落里，高大阴沉的书库中；在梵学研究所古老的研究室中，阒无一人。天上飞机的嗡嗡声与我腹中的饥肠辘辘声相应和。闭目则浮想联翩，神驰万里，看到我的国，看到我的家。张目则梵典在前，有许多疑难问题，需要我来发覆。我此时恍如遗世独立，苦欤？乐欤？我自己也回答不上来了。

经过了轰炸的炼狱，又经过了饥饿，到了1945年，在我来到哥廷根十年之后，我终于盼来了光明，东西法西斯垮台了。美国兵先攻占哥廷根，后来英国人来接管。此时，我得知寅恪先生在英国医目疾。我连忙写了一封长信，向他汇报我十年来学习的情况，并将自己在哥廷根科学院院刊及其他刊物上发表的一些论文寄呈。出乎我意料地迅速，我得了先生的复信，也是一封长信，告诉我他的近况，并说不久将回国。信中最重要的事情是说，他想向北大校长胡适、代校长傅斯年、文学院长汤用彤几位先生介绍我到北大任教。我真是喜出望外，谁听到能到最高学府来任教而会不引以为荣呢？我于是立即回信，表示同意和感谢。

这一年深秋，我终于告别了住了整整十年的哥廷根，怀着"客树回看成故乡"的心情，一步三回首地到了瑞士。在这个山明水秀的世界公园里住了几个月，1946年春天，经过法国和越南的西贡，又经过香港，回到了上海。在克家的榻榻米上住了一段时间。从上海到了南京，又睡到了长之的办公桌上。这时候，寅恪先生也已从英国回到南京。我曾谒见先生于俞大维官邸中。谈了谈阔别十多年以来的详细情况，先生十分高兴，叮嘱我到鸡鸣寺下中央研究院去拜见北大代校长傅斯年先生，特别嘱咐我带上我用德文写的论文，可见先生对我爱护之深以及用心之细。

这一年的深秋，我从南京回到上海，乘轮船到了秦皇岛，又从秦皇岛乘火车回到了阔别十二年的北京（当时叫北平）。由于战争关系，津浦路早已不通，回北京只能走海路，从那里到北京的铁路由美国少爷兵把守，所以还能通车。到了北京以后，一片“落叶满长安”的悲凉气象。我先在沙滩红楼暂住，随即拜见了汤用彤先生。按北大当时的规定，从海外得到了博士学位回国的人，只能任副教授，在清华叫做专任讲师，经过几年的时间，才能转向正教授。我当然不能例外，而且心悦诚服，没有半点非分之想。然而过了大约一周的光景，汤先生告诉我，我已被聘为正教授，兼东方语言文学系的系主任。这真是石破天惊，大大地出我意料。我这个当一周副教授的纪录，大概也可以进入吉尼斯世界纪录了吧。说自己不高兴，那是谎言，那是矫情。由此也可以看出老一辈学者对后辈的提携和爱护。

不记得是在什么时候，寅恪师也来到北京，仍然住在清华园。我立即到清华去拜见。当时从北京城到清华是要费一些周折的，宛如一次短途旅行。沿途几十里路全是农田。秋天青纱帐起，还真有绿林人士拦路抢劫的。现在的年轻人很难想象了。但是，有寅恪先生在，我决不会惮于这样的旅行。在三年之内，我颇到清华园去过多次。我知道先生年老体弱，最喜欢当年住北京的天主教外国神甫亲手酿造的栅栏红葡萄酒。我曾到今天市委党校所在地当年神甫们的静修院的地下室中去买过几次栅栏红葡萄酒，又长途跋涉送到清华园，送到先生手中，心里颇觉安慰。几瓶酒在现在不算什么。但是在当时，通货膨胀已经达到了钞票上每天加一个“0”还跟不上物价飞速提高的速度的情况下，几瓶酒已经非同小可了。

有一年的春天，中山公园的藤萝开满了紫色的花朵，累累垂垂，紫气弥漫，招来了众多的游人和蜜蜂。我们一群弟子们，记得有周一良、王永兴、汪篯等，知道先生爱花。现在虽患目疾，迹近失明；但据先生自己说，有些东西还能影影绰绰看到一团影子。大片藤萝花的紫光，先生或还能看到。而且在那种兵荒马乱、物价飞涨、人命微浅、朝不虑夕的情况下，我们想请先生散一散心，征询先生的意见，他怡然应允。我们真是大喜过望，在来今雨轩藤萝深处，找到一个茶桌，侍先生观赏紫藤。先生显然兴致极高。我们谈笑风生，尽欢而散。我想，这也许是先生在那样的年头里最愉快的时刻。

还有一件事，也给我留下了毕生难忘的回忆。在解放前夕，政府经济实已完全崩溃。从法币改为银元券，又从银元券改为金元券，越改越乱，到了后来，到粮店买几斤粮食，携带的这币那券的重量有时要超过粮食本身。学术界的泰斗、德高望重、被著名的史学家郑天挺先生称之为“教授的教授”的陈寅恪先生也不能例外。到了冬天，他连买煤取暖的钱都没有，我把这情况告诉了已经回国的北大校长胡适之先生。胡先生最尊重最爱护确有成就的知识分子。当年他介绍王静庵先生到清华国学研究院去任教，一时传为佳话。寅恪先生在《王观堂先生挽词》中有几句诗“鲁连黄鹞绩溪胡，独为神州惜大儒。学院遂闻传绝业，园林差喜适幽居”，讲的就是这一件事。现在却轮到适之先生再一次“独为神州惜大儒”了，而这个“大儒”不是别人，竟是寅恪先生本人。适之先生想赠寅恪先生一笔数目颇大的美元。但是，寅恪先生却拒不接受。最后寅恪先生决定用卖掉藏书的办法来取得适之先生的美元。于是适之先生就派他自己的汽车——顺便说一句，当时北京汽车极为罕见，北大只有校长的一辆——让我到清华陈先生家装了一车西文关于佛教和中亚古代语言的极为珍贵的书。陈先生只收二千美元。这个数目在当时虽不算少，然而同书比起来，还是微不足道的。在这一批书中，仅一部《圣彼得堡梵德大词典》市价就远远超过这个数目了。这一批书实际上带有捐赠的性质。而寅恪师对于金钱的一介不取的狷介性格，由此也可见一斑了。

在这三年内，我同寅恪师往来颇频繁。我写了一篇论文《浮屠与佛》，首先读给他听，想听听他的批评意见。不意竟得到他的赞赏。他把此文介绍给《中央研究院历史语言研究所集刊》发表。这个刊物在当时是最具权威性的刊物，简直有点“一登龙门，声价十倍”的威风。我自然感到受宠若惊。差幸我的结论并没有瞎说八道，几十年以后，我又写了一篇《再谈浮屠与佛》，用大量的新材料，重申前说，颇得到学界同行们的赞许。

在我同先生来往的几年中，我们当然会谈到很多话题。谈治学时最多，政治也并非不谈但极少。寅恪先生决不是一个“闭门只读圣贤书”的书呆子。他继承了中国“士”的优良传统：天下兴亡，匹夫有责。从他的著作中也可以看出，他非常关心政治。他研究隋唐史，表面上似乎是满篇考证，骨子里谈的都是成败兴衰的政治问题，可惜难得解人。我们谈到当代学术，他当然会对每一个学者都有自己的看法。但是，除了对一位明史专家外，他没有对任何人说过贬低的话。对青年学人，只谈优点，一片爱护青年学者的热忱。真令人肃然起敬。就连那一位由于误会而对他专门攻击，甚至说些难听的话的学者，陈师也从来没有说过半句褒贬的话。先生的盛德由此可见。鲁迅先生从来不攻击年轻人，差堪媲美。

时光如电，人事沧桑，转眼就到了 1948 年年底。解放军把北京城团团包围住。胡适校长从南京派来了专机，想接几个教授到南京去，有一个名单。名单上有名的人，大多数都没有走，陈寅恪先生走了。这又成了某一些人探讨研究的题目：陈先生是否对共产党有看法？他是否对国民党留恋？根据后来出版的浦江清先生的日记，寅恪先生并不反对共产主义，他反对的仅是苏联牌的共产主义。在当时，这也许是一个怪想法，甚至是一个大逆不道的想法。然而到了今天，真相已大白于天下，难道不应该对先生的睿智表示敬佩吗？至于他对国民党的态度，最明显地表现在他对蒋介石的态度上。1940 年，他在《庚辰暮春重庆夜宴归作》这一首诗中写道："食蛤那知天下事，看花愁近最高楼。"吴宓先生对此诗作注说："寅恪赴渝，出席中央研究院会议，寓俞大维妹丈宅。已而蒋公宴请中央研究院到会诸先生。寅恪于座中初次见蒋公，深觉其人不足为，有负厥职，故有此诗第六句。"按即"看花愁近最高楼"这一句。寅恪师对蒋介石，也可以说是对国民党的态度表达得不能再清楚明白了。然而，几年前，一位台湾学者偏偏寻章摘句，说寅恪先生早有意到台湾去。这真是天下一大怪事。

到了南京以后，寅恪先生又辗转到了广州，从此就留在那里没有动。他在台湾有很多亲友，动员他去台湾者，恐怕大有人在，然而他却岿然不为所动。其中详细情况，我不得而知。我们国家许多领导人，包括周恩来、陈毅、陶铸、郭沫若等等，对陈师礼敬备至。他同陶铸和老革命家兼学者的杜国庠，成了私交极深的朋友。在他晚年的诗中，不能说没有欢快之情，然而更多的却是抑郁之感。现在回想起来，他这种抑郁之感能说没有根据吗？能说不是查实有据吗？我们这一批老知识分子，到了今天，都已成了过来人。如果不昧良心说句真话，同陈师比较起来，只能说我们愚钝，我们麻木，此外还有什么话好说呢？

1951年，我奉命随中国文化代表团，访问印度和缅甸。在广州停留了相当长的时间，准备将所有的重要发言稿都译为英文，我当然不会放过这个机会的，我到岭南大学寅恪先生家中去拜谒。相见极欢，陈师母也殷勤招待。陈师此时目疾虽日益严重，仍能看到眼前的白色的东西。有关领导，据说就是陈毅和陶铸，命人在先生楼前草地上铺成了一条白色的路，路旁全是绿草，碧绿与雪白相映照，供先生散步之用。从这一件小事中，也可以看到我们国家对陈师尊敬之真诚了。陈师是极富于感情的人，他对此能无所感吗？

然而，世事如白云苍狗，变幻莫测。解放后不久，正当众多的老知识分子兴高采烈、激情未熄的时候，华盖运便临到头上。运动一个接着一个，针对的全是知识分子。批完了《武训传》，批俞平伯，批完了俞平伯，批胡适，一路批，批，批，斗，斗，斗，最后批到了陈寅恪头上。此时极大规模的、遍及全国的反右斗争还没有开始。老年反思，我在政治上是个蠢才。对这一系列的批和斗，我是心悦诚服的，一点没有感到其中有什么问题。我虽然没有明确地意识到，在我灵魂深处，我真认为中国老知识分子就是“原罪”的化身，批是天经地义的。但是，一旦批到了陈寅恪先生头上，我心里却感到不是味儿。虽然经人再三动员，我却始终没有参加到这一场闹剧式的大合唱中去。我不愿意厚着面皮，充当事后的诸葛亮，我当时的认识也是十分模糊的；但是，我毕竟没有行动。现在时过境迁，在四十年之后，想到我没有出卖我的良心，差堪自慰，能够对得起老师在天之灵了。

可是，从那以后，直到老师于1969年在空前浩劫中被折磨得离开了人世，将近二十年中，我没能再见到他。现在我的年龄已经超过了他在世的年龄五年，算是寿登耄耋了。现在我时常翻读先生的诗文。每读一次，都觉得有新的收获。我明确意识到，我还未能登他的堂奥。哲人其萎，空余著述。我却是进取有心，请益无人，因此更增加了对他的怀念。我们虽非亲属，我却时有风木之悲。这恐怕也是非常自然的吧。

我已经到了望九之年，虽然看样子离开为自己的生命画句号的时候还会有一段距离，现在还不能就作总结；但是，自己毕竟已经到了日薄西山、人命危浅之际，不想到这一点也是不可能的。我身历几个朝代，忍受过千辛万苦。现在只觉得身后的路漫长无边，眼前的路却是越来越短，已经是很有限了。我并没有倚老卖老，苟且偷安；然而我却明确地意识到，我成了一个“悲剧”人物。我的悲剧不在于我不想“不用扬鞭自奋蹄”，不想“老骥伏枥，志在千里”，而是在“老骥伏枥，志在万里”。自己现在承担的或者被迫承担的工作，头绪繁多，五花八门，纷纭复杂，有时还矛盾重重，早已远远超过了自己的负荷量，超过了自己的年龄。这里面，有外在原因，但主要是内在原因。清夜扪心自问：自己患了老来疯了吗？你眼前还有一百年的寿命吗？可是，一到了白天，一接触实际，件件事情都想推掉，但是件件事情都推不掉，真仿佛京剧中的一句话："马行在夹道内，难以回马。"此中滋味，只有自己一人能了解，实不足为外人道也。

在这样的情况下，我有时会情不自禁地回想自己的一生。自己究竟应该怎样来评价自己的一生呢？我虽遭逢过大大小小的灾难，像"十年浩劫"那样中国人民空前的愚蠢到野蛮到令人无法理解的灾难，我也不幸——也可以说是有"幸"身逢其盛，几乎把一条老命搭上；然而我仍然觉得自己是幸运的，自己赶上了许多意外的机遇。我只举一个小例子。自从盘古开天地，不知从哪里吹来了一股神风，吹出了知识分子这个特殊的族类。知识分子有很多特点。在经济和物质方面是一个"穷"字，自古已然，于今为烈。在精神方面，是考试多如牛毛。在这里也是自古已然，于今为烈。例子俯拾即是，不必多论。我自己考了一辈子，自小学、中学、大学，一直到留学，月有月考，季有季考，还有什么全国通考，考得一塌糊涂。可是我自己在上百场国内外的考试中，从来没有名落孙山。你能说这不是机遇好吗？

但是，俗话说："一个篱笆三个桩，一个好汉三个帮。"如果没有人帮助，一个人会是一事无成的。在这方面，我也遇到了极幸运的机遇。生平帮过我的人无虑数百。要我举出人名的话，我首先要举出的，在国外有两个人，一个是我的博士论文导师瓦尔德施密特教授，另一个是教吐火罗语的老师西克教授。在国内的有四个人：一个是冯友兰先生，如果没有他同德国签订德国清华交换研究生的话，我根本到不了德国。一个是胡适之先生，一个是汤用彤先生，如果没有他们的提携的话，我根本来不到北大。最后但不是最少，是陈寅恪先生。如果没有他的影响的话，我不会走上现在走的这一条治学的道路，也同样是来不了北大。至于他为什么不把我介绍给我的母校清华，而介绍给北大，我从来没有问过他，至今恐怕永远也是一个谜，我们不去谈它了。

我不是一个忘恩负义的人。我一向认为，感恩图报是做人的根本准则之一。但是，我对他们四位，以及许许多多帮助过我的师友怎样“报”呢？专就寅恪师而论，我只有努力学习他的著作，努力宣扬他的学术成就，努力帮助出版社把他的全集出全、出好。我深深地感激广州中山大学的校领导和历史系的领导，他们再三举办寅恪先生学术研讨会，包括国外学者在内，群贤毕至。中大还特别创办了陈寅恪纪念馆。所有这一切，我这个寅恪师的弟子都看在眼中，感在心中，感到很大的慰藉。国内外研究陈寅恪先生的学者日益增多，先生的道德文章必将日益发扬光大，这是毫无问题的。这是我在垂暮之年所能得到的最大的愉快。

然而，我仍然有我个人的思想问题和感情问题。我现在是

“后已见来者”，然而却是“前不见古人”，再也不会见到寅恪先生了。我心中感到无限的空漠，这个空漠是无论如何也填充不起来了。掷笔长叹，不禁老泪纵横矣。

1995 年 12 月 1 日

回忆汤用彤先生

自己已经到了望九之年。过去八十多年的忆念，如云如烟，浩渺一片。但在茫茫的烟雾中，却有几处闪光之点，宛如夏夜的晴空，群星上千上万，其中有大星数颗，熠熠闪光，明亮璀璨。无论什么时候回想起来，都晶莹如在眼前。

我对于汤用彤先生的回忆就是最闪光之点。

但是，有人会提出疑问了："你写了那么多对师友的回忆文章，为什么单单对于你回忆中最亮之点的汤锡予（先生的号）先生却没有写全面的回忆文章呢？"这问得正确，问得有理。但是，我却有自己的至今还没有说出来过的说法。试想：锡予先生是在哪一年逝世的？是在 1964 年。一想到这个年份，事情就很清楚了。在那时候，阶级斗争已经快发展到年年讲，月月讲，日日讲的程度。所谓"无产阶级文化大革命"虽然还没有爆发，但是对政治稍有敏感的人，都会已经感到"山雨欲来风满楼"的高压气氛。锡予先生和我都属于后来在"十年浩劫"

中出现的“资产阶级（反动）学术权威”这一号的人物，我若一写悼念文章，必然会流露出我的真情来。如果我还有什么优点的话，那就是，没有真感情，我不写回忆文章。但是，在那个时代，真感情都会被归入“小资产阶级”的范畴，而一旦成了“小资产阶级”，则距离“修正主义”只差毫厘了。我没有这个胆量，所以就把对锡予先生怀念感激之情，深深地埋在我的心灵深处。到了今天，环境气氛已经大大地改变了，能够把真情实感从心中移到纸上来了。

因为不在一个学校，我没有能成为锡予先生的授业弟子。但是，他的文章我是读过的，他的道德我是听说过的。“高山仰止，景行行止”，他早已是我崇拜的对象。我也崇拜一些别的大师，读其书未见其人者屡见不鲜。但我却独独对锡予先生常有幻象；我想象他是一个瘦削慈祥的老人，有五绺白须，飘拂胸前。对于别的大师，没见面过的大师，我从来没有过这样的幻象，此理我至今不解。但是，我相信，其中必有原因，一种深奥难言的原因。既然“难言”，现在就先不“言”吧。

1945年，我在德国呆了整整十年之后，二战结束，时来入梦的祖国母亲在召唤我了。我必须回国了。回国后，必须找一个职业，用当时的话来说，就是“抢一只饭碗”。古人云：“民以食为天。”没有饭碗，怎么能过日子呢？于是我就写信给我的恩师、正在英国治疗目疾的陈寅恪先生，向他报告我十年来学习的过程。我的师祖吕德斯（Heinrich Lüders）正是他的老师，而我的德国恩师瓦尔德施密特（Ernst Waldschmidt）正是他的同学。因此，我一讲学习情况，他大概立即了然。不久我就收到他的一封长信，信中除了一些奖掖鼓励的话以外，他说，他想介绍我到北京大学任教。这实在是望外之喜。北大这个全国最高学府，与我本有一段因缘，1930 年我曾考取北大，因梦想出国，弃北大而就清华。现在我的出国梦已经实现了，阴阳往复，往往非人力所能定，我终究又要回到北大来了。我简直狂喜不能自已，立即回信应允。这就是我来北大的最初因缘。

1945 年 10 月，我离开住了十年的“客树回望成故乡”的哥廷根，挥泪辞别了像老母一般的女房东，到了瑞士，在这山青水绿的世界公园中住了将近半年，然后经法国马赛、越南西贡、英国占领的香港，回到了祖国的上海。路上用了将近四个月。时二战中遗留在大洋里的水雷尚未打捞，时时有触雷的危险。载着上千法国兵的英国巨轮的船长，随时都如临深履薄，战战兢兢，终于靠他们那一位上帝的保佑，度过了险境，安然抵达西贡。从西贡至香港，海上又遇到飓风，一昼夜，小轮未能前进一寸。这个险境也终于度过了。离开祖国将近十一年的儿子又回到母亲怀抱里来了，临登岸时，我思绪万端，悲喜交集，此情实不足为外人道也。

初到上海，人地生疏，我仿佛变成了瑞普・凡・温克（Rip Van Winkle），满目茫然。幸而臧克家正住在那里，我在他家的榻榻米上睡了十几天。又转到南京，仍然是无家可归，在李长之的办公桌上睡了一个夏天。当时寅恪师已经从英国回国，我曾到他借住的俞大维的官邸中去谒见他。师生别离已经十多年了，各自谈了别后的情况，都有九死一生之感。杜甫诗说“今夕复何夕？共此灯烛光”，不啻为我当时的心情写照也。寅恪师命我持在德国发表的论文，到鸡鸣寺下中央研究院历史语言研究所去见当时北大代理校长傅斯年先生，时校长胡适尚留美未返。傅告诉我，按照北大的规定，在国外拿了学位回国的人，只能给予副教授的职称。我对此并不在意，能入北大，已如登龙门了，焉敢还有什么痴心妄想？如果真有的话，那不就成了不知天高地厚了吗？

在南京做了一个夏天的“流动人口”。虽然饱赏了台城古柳的清碧，玄武湖旖旎的风光，却也患上了在南京享有盛名的疟疾，颇受了点苦头。在那年的秋天，我从上海乘海轮到了秦皇岛，又从秦皇岛乘火车到了北平。锡予先生让阴法鲁先生到车站去迎接我们。时届深秋，白露已降。“凄清弥天地，落叶满长安”（长安街也），我心中说不出是什么滋味，凄凉中有欣慰，悲愁中有兴奋，既忆以往，又盼来者，茫然懵然，住进了几乎是空无一人的红楼。

第二天，少曾（阴法鲁号）陪我到设在北楼的文学院院长办公室去谒见锡予先生，他是文学院长。这是我景慕多年以后第一次见到先生。把眼前的锡予先生同我心中幻想的锡予先生一对比，当然是不相同的，然而我却更爱眼前的锡予先生。他面容端严慈祥，不苟言笑，却是即之也温，观之也诚，真蔼然仁者也。先生虽留美多年，学贯中西，可是身着灰布长衫，脚踏圆口布鞋，望之似老农老圃，没有半点“洋气”，没有丝毫教授架子和大师威风。我心中不由自主地油然生幸福之感，浑身感到一阵温暖。晚上，先生设家宴为我接风，师母也是慈祥有加，更增加了我的幸福之感。当时一介和一玄都还年小，恐怕已经记不得那天的情景了。我从这一天起就成了北大的副教授，开始了我下半生的新生活，心中陶陶然也。

我可绝没有想到，过了一个来星期，至多不过十天，锡予先生忽然告诉我：我已经被聘为北京大学正教授兼新成立的东方语言文学系系主任，并且还兼任文科研究所的导师。前两者我已经不敢当，后一者人数极少，皆为饱学宿儒，我一个三十多岁的名不见经传的毛头小伙子，竟也滥竽其间，我既感光荣，又感惶恐不安。这是谁的力量呢？我心里最清楚：背后有一个人在，这都出于锡予先生的垂青与提携，说既感且愧，实不足以表达我的心情。我做副教授任期之短，恐怕是前无古人的，这无疑是北大的新纪录，后来也恐怕没有人打破的。我只能说，这是一种恩情，它对我从那以后一直到今五十多年在北大的工作中，起了而且还在起着激励的作用。

但是，我心中总还有一点遗憾之处：我没有能成为锡予先生的授业弟子。往者已矣，来者可追。大概是 1947 年，锡予先生开“魏晋玄学”这一门课，课堂就在我办公室的楼上。这真是天赐良机，我焉能放过！解放前的教授，相对来讲社会地位高，工资收入丰，存在决定意识，这样就“决定”出来了“教授架子”。架子人人皆有，各有巧妙不同，没有架子的也得学着端起一副拒人的架子。我自认是一个上不得台盘的人，有没有架子，我自己不得而知。但是，在锡予先生跟前，宛如小丘之仰望泰岳，架子何从端起！而且听先生讲课，正是我求之不得的。在当时，一位教授听另外一位教授讲课，简直是骇人听闻的事。这些事情我都不想，毅然征得了锡予先生的同意，成了他班上的最忠诚的学生之一，一整年没有缺过一次课，而且每堂课都工整地做听课的笔记，巨细不遗。这一大本笔记，我至今尚保存着，只是“只在此室中，书深不知处”了，有朝一日总会重见天日的。这样一来，我就自认为是锡予先生的私淑弟子，了了一个夙愿。

锡予先生对我的关心是多方面的。他让我从红楼搬到文科研究所的大院子里去住，此地在明朝是令人闻而觳觫的特务机关东厂，是专杀好人折磨好人的地狱，据说当年的水牢还有遗迹保留着。“庭院深深深几许”，我住在最里面一个院子里，里面堆满考古挖掘出土的汉代砖棺，阴气森森，传说是闹鬼的凶宅之一。晚上没有人敢来找我，除非他在门房打听得万分清楚：季羡林确是在家里，才敢迈步走进。我也并非“季大胆”，只是在欧洲十年多，受了“西化”，成了一个“无鬼论”者，所以能处之泰然。夏夜昏黑，我经常在缕缕的马樱花香中，怡然入梦。

当时的北大真正是精兵简政。只有一个校长胡适之先生，还经常不在学校，并没有什么副校长。一个教务长主管全校的教学科研工作。一个秘书长主管全校的后勤工作。六个学院：文、理、法、农、工、医，各设院长一人。也没有听说有什么校院长联席会，什么系主任联席会。专就文学院而论，锡予先生孤身一人，聘人、升职等等现在非开上无数次会不可解决的问题，那时一次会也不开，锡予先生一个人说了算。大概因为他为人正直，办事公道，从来没有出过什么娄子。我们系里遇到麻烦，我总去找锡予先生，他不动声色，帮我解除了困难。他还帮我在学校图书馆中要了一间教授研究室，所有我要用的书都从书库中提到我的研究室里，又派一位研究生马理女士当我的助手，帮我整理书籍。室内窗明几净，我心旷神怡。我之所以能写出几篇颇有点新见解的文章，不能不说是出于锡予先生之赐。我的文章写出后，首先送给锡予先生，请求指正。他的意见，哪怕是片言只语，对我总都是大有帮助的。

就这样，我们共同迎来了1949年北平的解放。在解放军围城期间，南京方面派一架专机，来接几位名单上有名的著名教授到尚未解放的南京去。锡予先生单上有名，但他却坚决不走，他期望看到新中国。有一段时间，锡予先生被任命为北大校务委员会主席，算是一个“过渡政权”。总之，北大师生共同度过了许多初解放后兴奋狂欢的令人难忘的日子。

1952 年，我们北大从城里搬到了现在的燕园中来。政府早已任命马寅初先生为北大校长，只有两个副校长，其中一个是党委书记江隆基兼任，实际上主管教学和科研的就是锡予先生一人。马老德高望重，但实际上不大真管事情。江隆基是一个正直正派有理智有良心的老革命家。据我们局外人看，校领导是团结的。当时的北大，同全国各大学和科研机构一样，几乎是天天搞“运动”。然而北大这样一所全国重点大学，一只无形的带头羊，却并没有出什么娄子，这与校领导的团结和江隆基同志的睿智正直是分不开的。

还是讲一讲我自己的情况吧。出城以后，我“官”运亨通，财源大发。先是在城里时工资被评为每月一千一百斤小米，解放前夕那种物价一小时一涨，火箭似的上升的可怕日子一去不复返了。后来按级别评定工资，我依稀记得：马老（马寅初）是三级，等于政府的副总理。以下是汤老（汤用彤）、翦老（翦伯赞）、曹老（曹靖华）等，具体级别记不清了。再以下就是我同其他几位老牌和名牌的教授。到了 1956 年，又有一次全国评定教授工资的活动，根据我的回忆，这次活动用的时间较长，工作十分细致，深入谨慎。人事处的一位领导同志，曾几次征求我的意见：中文系教授吴组缃是全国著名的小说家、《红楼梦》研究专家、中国作家协会书记处书记，我的老同学和老朋友，他问我吴能否评为一级教授？我当然觉得很够格。然而最后权衡下来，仍然定为二级，可见此事之难。据我所知，有的省份，全省只有一个一级教授，有的竟连一个也没有，真是一级之难“难于上青天”了。

然而，藐予小子竟然被评为一级，这实在令我诚惶诚恐。后来听说，常在一个餐厅里吃饭的几位教授，出于善意的又介乎可理解与不可理解之间的心理，背后赐给我了一个诨名，曰“一级”。只要我一走进食堂，有人就窃窃私语，会心而笑：“‘一级’来了！”我不怪这些同事，同他们比起来，无论是年龄或学术造诣，我都逊一筹，起个把诨名是应该的。这是由于我的运气好吗？也许是的；但是我知道，背后有一个人在，这个人不是别人，正是锡予先生。

俗话说：“福不双至。”可是1956年，我竟是“福真双至”。“一级”之外，我又被评选为中国科学院哲学社会科学学部委员。这是中国一个读书人至高无上的称号，从人数之少来说，比起封建时期的“金榜题名”来，还要难得多。除了名以外，还有颇为丰厚的津贴，真可谓“名利双收”。至于是否又有人给我再起什么诨号，我不得而知，就是有的话，我也会一笑置之。

总之，在我刚过不惑之年没有几年的时候，我还只能算是一个老青年，一个中国读书人所能期望的最高的荣誉和利益，就都已稳稳地拿到手中。我是一个颇有点自知之明的人，我知道，我之所以能够做到这一步，与锡予先生不声不响的提携是分不开的。说到我自己的努力，不能说一点都没有，但那是次要的事。至于机遇，也不能说一点没有，但那更是次要之次要，微不足道了。

从1956年起直到1964年锡予先生逝世，不知道经过了多少次运动，到了1966年“十年浩劫”开始而登峰造极。在这些运动中，在历次的提职提级的活动中，我的表现都还算过得去。我真好像是淡泊名利，与人无争，至今还在燕园内外有颇令人满意的口碑。难道我真就这样好吗？我的道德真就这样高吗？不，不是的。我虽然不敢把自己归入坏人之列，因为除了替自己考虑外，我还能考虑别人。我绝对反对曹操的哲学：“宁要我负天下人，不要天下人负我。”但我也决非圣贤，七情六欲，样样都有；私心杂念，一应俱全。可是，既然在名利两个方面，我早已达到了顶峰，我还有什么可争的呢？难道我真想去“九天揽月，五洋捉鳖”吗？我之所以能够获得少许美名，其势然也。如果说我是“浪得名”，也是并不冤枉的。话又说了回来，如果没有锡予先生，我能得到这一点点美名吗？

所以，我现在只能这样说，我之所以崇敬锡予先生，忆念锡予先生，除了那一些冠冕堂皇的表面理由以外，还有我内心深处从来没有对别人说起过的动机。古人说：“人生得一知己足矣。”我不敢谬托自己是锡予先生的知己，我只能说锡予先生是我的知己。我生平要感谢的师辈和友辈，颇有几位，尽管我对我这一生并不完全满意，但是有了这样的师友，我可以说是不虚此生了。

我自己现在已经是垂暮之年，活得早早超过了我的期望。因为我的父母都只活了四十多岁，因此，我的最高期望是活到五十岁。可是，到了今天，超过这个最高期望已经快到四十年了。我虽老迈，但还没有昏聩。曹孟德说："老骥伏枥，志在千里。"我窃不自量力，大有"老骥伏枥，志在万里"之势。在学术研究方面，我还有不少的计划。这些计划是否切合实际，可另作别论，可我确实没有攀登八宝山的计划，这一点是完全可以肯定的。

但愿我回忆中那一点最亮的光点，能够照亮我前进的道路。

1997 年 5 月 28 日

站在胡适之先生墓前

我现在站在胡适之先生墓前。他虽已长眠地下，但是他那典型的“我的朋友”式的笑容，仍宛然在目。可我最后一次见到这个笑容，却已是五十年前的事了。

1948 年 12 月中旬，是北京大学建校五十周年的纪念日。此时，解放军已经包围了北平城，然而城内人心并不惶惶。北大同仁和学生也并不惶惶；而且，不但不惶惶，在人们的内心中，有的非常殷切，有的还有点狐疑，都在期望着迎接解放军。适逢北大校庆大喜的日子，许多教授都满面春风，聚集在沙滩孑民堂中，举行庆典。记得作为校长的适之先生，作了简短的讲话，满面含笑，只有喜庆的内容，没有愁苦的调子。正在这个时候，城外忽然响起了隆隆的炮声。大家相互开玩笑说：“解放军给北大放礼炮哩！”简短的仪式完毕后，适之先生就辞别了大家，登上飞机，飞往南京去了。我忽然想到了李后主的几句词：“最是仓皇辞庙日，教坊犹唱别离歌，垂泪对宫娥。”我想改写一下，描绘当时适之先生的情景：“最是仓皇辞校日，城外礼炮声隆隆，含笑辞友朋。”我哪里知道，我们这一次会面竟是最后一次。如果我当时意识到这一点的话，我是含笑不起来的。

从此以后，我同适之先生便天各一方，分道扬镳，“世事两茫茫”了。听说，他离开北平后，曾从南京派来一架专机，点名接走几位老朋友，他亲自在南京机场恭候。飞机返回以后，机舱门开，他满怀希望地同老友会面。然而，除了一两位以外，所有他想接的人都没有走出机舱。据说——只是据说，他当时大哭一场，心中的滋味恐怕真是不足为外人道也。

适之先生在南京也没有能呆多久，“百万雄师过大江”以后，他也逃往台湾。后来又到美国去住了几年，并不得志，往日的辉煌犹如春梦一场，它不复存在。后来又回到台湾，最初也不为当局所礼重。往日总统候选人的迷梦，也只留下了一个话柄，日子过得并不顺心。后来，不知怎样一来，他被选为“中央研究院”的院长，算是得到了应有的礼遇，过了几年舒适称心的日子。适之先生毕竟是一书生，一直迷恋于《水经注》的研究，如醉如痴，此时又得以从容继续下去。他的晚年可以说是差强人意的。可惜仁者不寿，猝死于宴席之间，死后哀荣备至。“中央研究院”为他建立了纪念馆，包括他生前的居室在内，并建立了胡适陵园，遗骨埋葬在院内的陵园。今天我们参拜的就是这个规模宏伟极为壮观的陵园。

我现在站在适之先生墓前，鞠躬之后，悲从中来，心内思潮汹涌，如惊涛骇浪，眼泪自然流出。杜甫有诗：“焉知二十载，重上君子堂。”我现在是“焉知五十载，躬亲扫陵墓”。此时，我的心情也是不足为外人道也。

我自己已经到望九之年，距离适之先生所呆的黄泉或者天堂乐园，只差几步之遥了。回忆自己八十多年的坎坷又顺利的一生，真如一部二十四史，不知从何处说起了。

积八十年之经验，我认为，一个人生在世间，如果想有所成就，必须具备三个条件：才能、勤奋、机遇。行行皆然，人人皆然，概莫能外。别的人先不说了，只谈我自己。关于才能一项，再自谦也不能说自己是白痴。但是，自己并不是什么天才，这一点自知之明，我还是有的。谈到勤奋，我自认还能差强人意，用不着有什么愧怍之感。但是，我把重点放在第三项上：机遇。如果我一生还能算得上有些微成就的话，主要是靠机遇。机遇的内涵是十分复杂的，我只谈其中恩师一项。韩愈说：“古之学者必有师。师者所以传道、授业、解惑也。”根据老师这三项任务，老师对学生都是有恩的。然而，在我所知道的世界语言中，只有汉文把“恩”与“师”紧密地嵌在一起，成为一个不可分割的名词。这只能解释为中国人最懂得报师恩，为其他民族所望尘莫及的。

我在学术研究方面的机遇，就是我一生碰到了六位对我有教导之恩或者知遇之恩的恩师，我不一定都听过他们的课，但是，只读他们的书也是一种教导。我在清华大学读书时，读过陈寅恪先生所有的已经发表的著作，旁听过他的“佛经翻译文学”，从而种下了研究梵文和巴利文的种子。在当了或滥竽了一年国文教员之后，由于一个天上掉下来的机遇，我到了德国哥廷根大学。正在我入学后的第二个学期，瓦尔德施密特先生调到哥廷根大学任印度学的讲座教授。当我在教务处前看到他开基础梵文的通告时，我喜极欲狂。“踏破铁鞋无觅处，得来全不费功夫”，难道这不是天赐的机遇吗？最初两个学期，选修梵文的只有我一个外国学生。然而教授仍然照教不误，而且备课充分，讲解细致。威仪俨然，一丝不苟。几乎是我一个学生垄断课堂，受益之大，自可想见。二战爆发，瓦尔德施密特先生被征从军。已经退休的原印度讲座教授西克，虽已年逾八旬，毅然又走上讲台，教的依然是我一个中国学生。西克先生不久就告诉我，他要把自己平生的绝招全传授给我，包括《梨俱吠陀》、《大疏》、《十王子传》，还有他费了二十年的时间才解读了的吐火罗文，在吐火罗文研究领域中，他是世界最高权威。我并非天才，六七种外语早已塞满了我那渺小的脑袋瓜，我并不想再塞进吐火罗文。然而像我的祖父一般的西克先生，告诉我的是他的决定，一点征求意见的意思都没有。我唯一能走的道路就是：敬谨遵命。现在回忆起来，冬天大雪之后，在研究所上过课，天已近黄昏，积雪白皑皑地拥满十里长街。雪厚路滑，天空阴暗，地闪雪光，路上阒静无人，我搀扶着老爷子，一步高，一步低，送他到家。我没有见过自己的祖父，现在我真觉得，我身边的老人就是我的祖父，他为了学术，不惜衰朽残年，不顾自己的健康，想把衣钵传给我这个异国青年。此时我心中思绪翻腾，感激与温暖并在，担心与爱怜奔涌。我真不知道是置身何地了。

二战期间，我被困德国，一呆就是十年。二战结束后，听说寅恪先生正在英国就医，我连忙给他写了一封致敬信，并附上发表在哥廷根科学院集刊上用德文写成的论文，向他汇报我十年学习的成绩。很快就收到了他的回信，问我愿不愿意到北大去任教。北大为全国最高学府，名扬全球；但是，门槛一向极高，等闲难得进入。现在竟有一个天赐的机遇落到我头上来，我焉有不愿意之理！我立即回信同意。寅恪先生把我推荐给了当时北大校长胡适之先生、代理校长傅斯年先生、文学院长汤用彤先生。寅恪先生在学术界有极高的声望，一言九鼎。北大三位领导立即接受。于是我这个三十多岁的毛头小伙子，在国内学术界尚无籍名，公然堂而皇之地走进了北大的大门。唐代中了进士，就“春风得意马蹄疾，一日看遍长安花”。我虽然没有一日看遍北平花，但是，身为北大正教授兼东方语言文学系系主任，心中有点洋洋自得之感，不也是人之常情吗？

在此后的三年内，我在适之先生和锡予（汤用彤）先生领导下学习和工作，度过了一段毕生难忘的岁月。我同适之先生，虽然学术辈分不同，社会地位悬殊，想来接触是不会太多的。但是，实际上却不然，我们见面的机会非常多。他那一间在孑民堂前东屋里的狭窄简陋的校长办公室，我几乎是常客。作为系主任，我要向校长请示汇报工作，他主编报纸上的一个学术副刊，我又是撰稿者，所以免不了也常谈学术问题。最难能可贵的是他待人亲切和蔼，见什么人都是笑容满面，对教授是这样，对职员是这样，对学生是这样，对工友也是这样。从来没见他摆当时颇为流行的名人架子、教授架子。此外，在教授会上，在北大文科研究所的导师会上，在北京图书馆的评议会上，我们也时常有见面的机会。我作为一个年轻的后辈，在他面前，决没有什么局促之感，经常如坐春风中。

适之先生是非常懂得幽默的，他决不老气横秋，而是活泼有趣。有一件小事，我至今难忘。有一次召开教授会，杨振声先生新收得了一幅名贵的古画，为了想让大家共同欣赏，他把画带到了会上，打开铺在一张极大的桌子上，大家都啧啧称赞。这时适之先生忽然站了起来，走到桌前，把画卷了起来，做纳入袖中状，引得满堂大笑，喜气洋洋。

这时候，印度总理尼赫鲁派印度著名学者师觉月博士来北大任访问教授，还派来了十几位印度男女学生来北大留学，这也算是中印两国间的一件大事。适之先生委托我照管印度老少学者。他多次会见他们，并设宴为他们接风。师觉月作第一次演讲时，适之先生亲自出席，并用英文致欢迎词，讲中印历史上的友好关系，介绍师觉月的学术成就，可见他对此事之重视。

适之先生在美国留学时，忙于对西方，特别是对美国哲学与文化的学习，忙于钻研中国古代先秦的典籍，对印度文化以及佛教还没有进行过系统深入的研究。据说后来由于想写完《中国哲学史》，为了弥补自己的不足，开始认真研究中国佛教禅宗以及中印文化关系。我自己在德国留学时，忙于同梵文、巴利文、吐火罗文以及佛典拼命，没有余裕来从事中印文化关系史的研究。回国以后，迫于没有书籍资料，在不得已的情况下，开始注意中印文化交流史的研究。在解放前的三年中，只写过两篇比较像样的学术论文：一篇是《浮屠与佛》，一篇是《列子与佛典》。第一篇讲的问题正是适之先生同陈援庵先生争吵到面红耳赤的问题，我根据吐火罗文解决了这个问题。两老我都不敢得罪，只采取了一个骑墙的态度。我想，适之先生不会不读到这一篇论文的。我只到清华园读给我的老师陈寅恪先生听，蒙他首肯，介绍给地位极高的《中央研究院历史语言研究所集刊》发表。第二篇文章，写成后我拿给了适之先生看，第二天他就给我写了一封信，信中说："《生经》一证，确凿之至！"可见他是连夜看完的。他承认了我的结论，对我无疑是一个极大的鼓舞。这一次，我来到台湾，前几天，在大会上听到主席李亦园院士的讲话，中间他讲到，适之先生晚年任"中央研究院"院长时，在下午饮茶的时候，他经常同年轻的研究人员坐在一起聊天。有一次，他说，做学问应该像北京大学的季羡林那样。我乍听之下，百感交集。适之先生这样说一定同上面两篇文章有关，也可能同我们分手后十几年中我写的一些文章有关。这说明，适之先生一直到晚年还关注着我的学术研究。知己之感，油然而生。在这样的情况下，我还可能有其他任何的感想吗？

在政治方面，众所周知，适之先生是不赞成共产主义的。但是，我们不应忘记，他同样也反对三民主义。我认为，在他的心目中，世界上最好的政治就是美国政治，世界上最民主的国家就是美国。这同他的个人经历和哲学信念有关。他们实验主义者不主张什么“终极真理”，而世界上所有的“主义”都与“终极真理”相似，因此他反对。他同共产党并没有任何深仇大恨。他自己说，他一辈子没有写过批判共产主义的文章，而反对国民党的文章则是写过的。我可以讲两件我亲眼看到的小事。解放前夕，北平学生动不动就示威游行，比如“沈崇事件”、反饥饿反迫害等等，背后都有中共地下党在指挥发动，这一点是人所共知的，适之先生焉能不知！但是，每次北平国民党的宪兵和警察逮捕了学生，他都乘坐他那辆当时北平还极少见的汽车，奔走于各大衙门之间，逼迫国民党当局非释放学生不行。他还亲笔给南京驻北平的要人写信，为了同样的目的，据说这些信至今犹存。我个人觉得，这已经不能算是小事了。另外一件事是，有一天我到校长办公室去见适之先生，一个学生走进来对他说：昨夜延安广播电台曾对他专线广播，希望他不要走，北平解放后，将任命他为北大校长兼北京图书馆的馆长。他听了以后，含笑对那个学生说：“人家信任我吗？”谈话到此为止，这个学生的身份他不能不明白。但他不但没有拍案而起，怒发冲冠，态度依然亲切和蔼。小中见大，这些小事都是能够发人深思的。

适之先生以青年暴得大名，誉满士林。我觉得，他一生处在一个矛盾中，一个怪圈中：一方面是学术研究，一方面是政治活动和社会活动。他一生忙忙碌碌，倥偬奔波，作为一个“过河卒子”，勇往直前。我不知道，他自己是否意识到身陷怪圈。当局者迷，旁观者清，我认为，这个怪圈确实存在，而且十分严重。那么，我对这个问题有什么看法呢？我觉得，不管适之先生自己如何定位，他一生毕竟是一个书生，说不好听一点，就是一个书呆子。我也举一件小事。有一次，在北京图书馆开评议会，会议开始时，适之先生匆匆赶到，首先声明，还有一个重要会议，他要早退席。会议开着开着就走了题，有人忽然谈到《水经注》。一听到《水经注》，适之先生立即精神抖擞，眉飞色舞，口若悬河。一直到散会，他也没有退席，而且兴致极高，大有挑灯夜战之势。从这样一个小例子中不也可以小中见大吗？

我在上面谈到了适之先生的许多德行，现在笼统称之为“优点”。我认为，其中最令我钦佩，最使我感动的却是他毕生奖掖后进。“平生不解藏人善，到处逢人说项斯。”他正是这样一个人。这样的例子是举不胜举的。中国是一个很奇怪的国家，一方面有我上面讲到的只此一家的“恩师”；另一方面却又有老虎拜猫为师学艺，猫留下了爬树一招没教给老虎，幸免为徒弟吃掉的民间故事。两者显然是有点矛盾的。适之先生对青年人一向鼓励提挈。40年代，他在美国哈佛大学遇到当时还是青年的学者周一良和杨联升等，对他们的天才和成就大为赞赏。后来周一良回到中国，倾向进步，参加革命，其结果是众所周知的。杨联升留在美国，在二三十年的长时间内，同适之先生通信论学，互相唱和。在学术成就上也是硕果累累，名扬海外。周的天才与功力，只能说是高于杨，虽然在学术上也有所表现，但是，格于形势，不免令人有未尽其才之感。看了两人的遭遇，难道我们能无动于衷吗？

我同适之先生在孑民堂庆祝会上分别，从此云天渺茫，天各一方，再没有能见面，也没有能互通音信。我现在谈一谈我的情况和大陆方面的情况。我同绝大多数的中老年知识分子和教师一样，怀着绝对虔诚的心情，向往光明，向往进步。觉得自己真正站起来了，大有飘飘然羽化而登仙之感，有点忘乎所以了。我从一个最初喊什么人万岁都有点忸怩的低级水平，一踏上“革命”之路，便步步登高，飞驰前进；再加上天纵睿智，虔诚无垠，全心全意，投入造神运动中。常言道：“众人拾柴火焰高。”大家群策群力，造出了神，又自己膜拜，完全自觉自愿，决无半点勉强。对自己则认真进行思想改造。原来以为自己这个知识分子，虽有缺点，并无罪恶；但是，经不住社会上根红苗壮阶层的人士天天时时在你耳边聒噪："你们知识分子身躯脏，思想臭！"西方人说："谎言说上一千遍就成为真理。"此话就应在我们身上，积久而成为一种"原罪"感，怎样改造也没有用，只有心甘情愿地居于"老九"的地位，改造，改造，再改造，直改造得懵懵懂懂，"两涘渚涯之间，不辨牛马"。然而涅槃难望，苦海无边，而自己却仍然是膜拜不息。通过无数次的运动，一直到"十年浩劫"自己被关进牛棚被打得一佛出世，二佛升天，皮开肉绽，仍然不停地膜拜，其精诚之心真可以惊天地泣鬼神了。改革开放以后，自己脑袋里才裂开了一点缝，"觉今是而昨非"，然而自己已快到耄耋之年，垂垂老矣，离开鲁迅在《过客》一文讲到的长满了百合花的地方不太远了。

至于适之先生，他离开北大后的情况，我在上面已稍有所涉及。总起来说，我是不十分清楚的，也是我无法清楚的。到了1954年，从批判俞平伯先生的《红楼梦研究》的资产阶级唯心论起，批判之火终于烧到了适之先生身上。这是一场缺席批判。适之远在重洋之外，坐山观虎斗。即使被斗的是他自己，反正伤不了他一根毫毛，他乐得怡然观战。他的名字仿佛已经成一个稻草人，浑身是箭，一个不折不扣的"箭垛"，大陆上众家豪杰，个个义形于色，争先恐后，万箭齐发，适之先生兀自巍然不动。我幻想，这一定是一个非常难得的景观。在浪费了许多纸张和笔墨、时间和精力之余，终成为"竹篮子打水，一场空”，乱哄哄一场闹剧。

适之先生于1962年猝然逝世，享年已经过了古稀，在中国历代学术史上，这已可以算是高龄了，但以今天的标准来衡量，似乎还应该活得更长一点。中国古称“仁者寿”，但适之先生只能说是“仁者不寿”。当时在大陆上“左”风犹狂，一般人大概认为胡适已经是被打倒在地的人，身上被踏上了一千只脚，永世不得翻身了。这样一个人的死去，有何值得大惊小怪！所以报纸杂志上没有一点反应。我自己当然是被蒙在鼓里，毫无所知。十几二十年以后，我脑袋里开始透进点光的时候，我越想越不是滋味，曾写了一篇短文《为胡适说几句话》，我连“先生”二字都没有勇气加上，可是还有人劝我以不发表为宜。文章终于发表了，反应还差强人意，至少没有人来追查我，我心里一块石头落了地。最近几年来，改革开放之风吹绿了中华大地，知识分子的心态有了明显的转变，身上的枷锁除掉了，原罪之感也消逝了。被泼在身上的污泥浊水逐渐清除了，再也用不着天天夹着尾巴过日子了。这种思想感情上的解放，大大地提高了他们的积极性，愿意为祖国的繁荣富强贡献自己的力量。出版界也奋起直追，出版了几部《胡适文集》。安徽教育出版社雄心最强，准备出版一部超过两千万字的《胡适全集》。我可是万万没有想到，主编这一非常重要的职位，出版社竟垂青于我。我本不是胡适研究专家，我诚惶诚恐，力辞不敢应允。但是出版社却说，现在北大曾经同适之先生共过事而过从又比较频繁的人，只剩下我一个人了。铁证如山，我只能“仰”（不是“俯”）允了。我也想以此报知遇之恩于万一。我写了一篇长达一万七千字的总序，副标题是“还胡适以本来面目”。意思也不过是想拨乱反正，以正视听而已。前不久，又有人邀我在《学林往事》中写一篇关于适之先生的文章，理由同前，我也应允而且从台湾回来后抱病写完。这一篇文章的副标题是“毕竟一书生”。原因是，前一个副标题说得太满，我哪里有能力还适之先生以本来面目呢，后一个副标题是说我对适之先生的看法，是比较实事求是的。

我在上面谈了一些琐事和非琐事，俱往矣，只留下了一些可贵的记忆。我可真是万万没有想到，到了望九之年，居然还能来到宝岛，这是以前连想都没敢想的事。到了台北以后，才发现，五十年前在北平结识的老朋友，比如梁实秋、袁同礼、傅斯年、毛子水、姚从吾等等，全已作古。我真是“访旧全为鬼，惊呼热中肠”了。天地之悠悠是自然规律，是人力所无法抗御的。

我现在站在适之先生墓前，心中浮想联翩，上下五十年，纵横数千里，往事如云如烟，又历历如在目前。中国古代有俞伯牙在钟子期墓前摔琴的故事，又有许多在挚友墓前焚稿的故事。按照这个旧理，我应当把我那新出齐了的《文集》搬到适之先生墓前焚掉，算是向他汇报我毕生科学研究的成果。但是，我此时虽思绪混乱，神智还是清楚的，我没有这样做。我环顾陵园，只见石阶整洁，盘旋而上，陵墓极雄伟，上覆巨石，墓志铭为毛子水亲笔书写，墓后石墙上嵌有“德艺双隆”四个大字，连同墓志铭，都金光闪闪，炫人双目。我站在那里，蓦抬头，适之先生那有魅力的典型的“我的朋友”式的笑容，突然显现在眼前，五十年依稀缩为一刹那，历史仿佛没有移动。但是，一定神儿，忽然想到自己的年龄，历史毕竟是动了，可我一点也没有颓唐之感。我现在大有“老骥伏枥，志在万里”之感。我相信，有朝一日，我还会有机会，重来宝岛，再一次站在适之先生的墓前。

1999年5月2日写毕

忆念胡也频先生

胡也频，这个在中国近代革命史上和文学史上宛如夏夜流星一闪即逝但又留下永恒光芒的人物，知道其名者很多很多，但在脑海中尚能保留其生动形象者，恐怕就很少很少了。

我有幸是其中的一个。

我初次见到胡先生是六十年前在山东济南省立高中的讲台上。我当时只有十八岁，是高中三年级的学生。他个子不高，人很清秀，完全是一副南方人的形象。此时日军刚刚退出了被占领一年的济南。国民党的军队开了进来，教育有了改革。旧日的山东大学附设高中改为省立高中。校址由绿柳红荷交相辉映的北园搬到车水马龙的杆石桥来，环境大大地改变了，校内颇有一些新气象。专就国文这一门课程而谈，在一年前读的还是《诗经》、《书经》和《古文观止》一类的书籍，现在完全改为读白话文学作品。作文也由文言文改为白话文。教员则由前清的翰林、进士改为新文学家。对于我们这一批年轻的大孩子来说，顿有耳目为之一新的感觉。大家都兴高采烈了。

高中的新校址是清代的一个什么大衙门，崇楼峻阁，雕梁画栋，颇有一点威武富贵的气象。尤其令人难忘的是里面有一个大花园。园子的全盛时期早已成为往事。花坛不修，水池干涸，小路上长满了草。但是花木却依然青翠茂密，浓绿扑人眉宇。到了春天，夏天，仍然开满似锦的繁花，把这古园点缀得明丽耀目。枝头、丛中时有鸟鸣声，令人如入幽谷。老师们和学生们有时来园中漫步，各得其乐。

胡先生的居室就在园门口旁边，常见他走过花园到后面的课堂中去上课。他教书同以前的老师完全不同。他不但不讲《古文观止》，好像连新文学作品也不大讲。每次上课，他都在黑板上大书："什么是现代文艺？"几个大字，然后滔滔不绝地讲了起来，直讲得眉飞色舞，浓重的南方口音更加难懂了。下一次上课，黑板上仍然是七个大字："什么是现代文艺？"我们这一群年轻的大孩子听得简直像着了迷。我们按照他的介绍买了一些当时流行的马克思主义文艺理论书籍。那时候，"马克思主义"这个词儿是违禁的，人们只说"普罗文学"或"现代文学"，大家心照不宣，谁也了解。有几本书的作者我记得名叫弗里茨，以后再也没见到这个名字。这些书都是译文，非常难懂。据说是从日文转译的俄国书籍。恐怕日文译者就不太懂俄文原文，再转为汉文，只能像"天书"了。我们当然不能全懂，但是仍然怀着朝圣者的心情，硬着头皮读下去。生吞活剥，在所难免。然而“现代文艺”这个名词却时髦起来，传遍了高中的每一个角落，仿佛为这古老的建筑增添了新的光辉。

我们这一批年轻的中学生其实并不真懂什么“现代文艺”，更不全懂什么叫“革命”。胡先生在这方面没有什么解释。但是我们的热情却是高昂的，高昂得超过了需要。当时还是国民党的天下，学校大权当然掌握在他们手中。国民党最厌恶、最害怕的就是共产党，似乎有不共戴天之仇，必欲除之而后快。在这样的气氛下，胡先生竟敢明目张胆地宣传“现代文艺”，鼓动学生革命，真如太岁头上动土。国民党对他的仇恨是完全可以想象的。

胡先生却是处之泰然。我们阅世未深，对此完全是麻木的。胡先生是有社会经历的人，他应该知道其中的利害。可是他也毫不在乎。只见他那清瘦的小个子，在校内课堂上，在那座大花园中，迈着轻盈细碎的步子，上身有点向前倾斜，匆匆忙忙，仓仓促促，满面春风，忙得不亦乐乎。他照样在课堂上宣传他的“现代文艺”，侃侃而谈，视敌人如草芥，宛如走入没有敌人的敌人阵中。

他不但在课堂上宣传，还在课外进行组织活动。他号召组织了一个现代文艺研究会，由几个学生积极分子带头参加，公然在学生宿舍的走廊上，摆上桌子，贴出布告，昭告全校，踊跃参加。当场报名、填表，一时热闹得像是过节一样。时隔六十年，一直到今天，当时的情景还历历如在眼前，当时的笑语声还在我耳畔回荡，留给我的印象之深，概可想见了。

有了这样一个组织，胡先生还没有满足，他准备出一个刊物，名称我现在忘记了。第一期的稿子中有我的一篇文章，名叫《现代文艺的使命》。内容现在完全忘记了，无非是革命、革命、革命之类。以我当时的水平之低，恐怕都是从“天书”中生吞活剥地抄来了一些词句，杂凑成篇而已，决不会是什么像样的文章。

正在这时候，当时蜚声文坛的革命女作家、胡先生的夫人丁玲女士到了济南省立高中，看样子是来探亲的。她是从上海去的。当时上海是全国最时髦的城市，领导全国的服饰的新潮流。丁玲的衣着非常讲究，大概代表了上海最新式的服装。相对而言，济南还是相当闭塞淳朴的。丁玲的出现，宛如飞来的一只金凤凰，在我们那些没有见过世面的青年学生眼中，她浑身闪光，辉耀四方。

记得丁玲那时候比较胖，又穿了非常高的高跟鞋。济南比不了上海，马路坑坑洼洼，高低不平。高中校内的道路，更是年久失修。穿平底鞋走上去都不太牢靠，何况是高跟鞋。看来丁玲就遇上了“行路难”的问题。胡先生个子比丁玲稍矮，夫人“步履维艰”，有时要扶着胡先生才能迈步。我们这些年轻的学生看了这情景，觉得非常有趣。我们就窃窃私议，说胡先生成了丁玲的手杖。我们其实不但毫无恶意，而且是充满了敬意的。在我们心中真觉得胡先生是一个好丈夫，因此对他更增加了崇敬之感，对丁玲我们同样也是尊敬的。

不管胡先生怎样处之泰然，国民党却并没有睡觉。他们的统治机器当时运转得还是比较灵的。国民党对抗大清帝国和反动军阀有过丰富的斗争经验，老谋深算，手法颇多。相比之下，胡先生这个才不过二十多岁的真正的革命家，却没有多少斗争经验，专凭一股革命锐气，革命斗志超过革命经验，宛如初生的犊子不怕虎一样，头顶青天，脚踏大地，把活动都摆在光天化日之下。这确实值得尊敬。但是，勇则勇矣，面对强大的掌握大权的国民党，是注定要失败的。这一点，我始终不知道，胡先生是否意识到了。这个谜将永远成为一个谜了。

事情果然急转直下。有一天，国文课堂上见到的不再是胡先生那瘦小的身影，而是一位完全陌生的老师。全班学生都为之愕然。小道消息说，胡先生被国民党通缉，连夜逃到上海去了。到了第二年，1931 年，他就同柔石等四人在上海被国民党逮捕，秘密杀害，身中十几枪。当时他只有二十八岁。

鲁迅先生当时住在上海，听到这消息以后，他怒发冲冠，拿起如椽巨笔，写了这样一段话："我们现在以十分的哀悼和铭记，纪念我们的战死者，也就是要牢记中国无产阶级革命文学的历史的第一页，是同志的鲜血所记录，永远在显示敌人的卑劣的凶暴和启示我们的不断的斗争。"（《二心集》）这一段话在当时真能掷地作金石声。

胡先生牺牲到现在已经六十年了。如果他能活到现在，也不过八十七八岁，在今天还不算是太老，正是“余霞尚满天”的年龄，还是大有可为的。而我呢，在这一段极其漫长的时间内，经历了极其曲折复杂的行程，天南海北，神州内外，高山大川，茫茫巨浸；走过阳关大道，也走过独木小桥，在“空前的十年”中，几乎走到穷途。到了今天，我已由一个不到二十岁的中学生变成了皤然一翁，心里面酸甜苦辣，五味俱全。但是胡先生的身影忽然又出现在眼前，我有点困惑。我真愿意看到这个身影，同时却又害怕看到这个身影，我真有点诚惶诚恐了。我又担心，等到我这一辈人同这个世界告别以后，脑海中还能保留胡先生身影者，大概也就要完全彻底地从地球上消逝了。对某一些人来说，那将是一个永远无法弥补的损失。在这里，我又有点欣慰:看样子，我还不会在短期中同地球“拜拜”。只要我在一天，胡先生的身影就能保留一天。愿这一颗流星的光芒尽可能长久地闪耀下去。

1990年2月9日

他们把美学从太虚幻境拉到了地面上

我不是美学家，但是喜欢读美学的书。事实上，在过去几十年内，我读的美学书确实不算少，古今中外都有。读的结果怎样呢？并不高明。我的脑筋成了跑马场，让许多中外美学家在那里驰骋。而我自己呢，则仿佛坐在下界听美学家们在太虚幻境里相互问难，驳斥对方。各自祭起法宝——术语，投向对方。可是谁也打不着谁。下风逖听，声音嘹亮；仔细听去，介于懂与不懂之间。

我无意责怪美学家们。美这玩意儿确实是存在的；不但看得见，听得出，而且似乎也摸得着。但是却说不出。因此，仁者见仁，智者见智，就是不可避免的了。真正的美，绝对的美，似乎只存在于柏拉图的理念世界中，或者宗教家们的天堂乐园里。

但是，有两个例外：一个是朱光潜先生，一个是宗白华先生。在他们那里，美确确实实是存在于大地上的。五十多年前，我在清华读书时，曾听朱先生讲“文艺心理学”，在整整一年内，听朱先生的课成了一大享受。他能把欧美学者那些表面上看起来似乎是深奥难测的道理用最简单朴素的语言解释得一清二楚，而且常常引用中国诗词来说明问题，使我们感到，他讲的不是海外奇谈，不是天上神话，而是有血有肉的中国道理。

至于宗白华先生，我最初并不认识。中学时候读过他的《三叶集》，有一点印象而已。院系调整以后，他来到北大，从此就认识了。有时候在路上相逢，便海阔天空地聊上一通。在宗先生那里，美学不是干巴巴的教条，而是活生生的人生。他常说:“学习美学首先得爱好美，要对艺术有广泛的兴趣，要有多方面的爱好。”他不慕荣利，爱好一切美的东西。美学同他的生活紧紧地联系在一起。

总之，在古今中外众多的美学家中，只有朱、宗二位先生让我感到亲切，感到可以亲近，他们把美学从太虚幻境里拉到地上来，我对他们真是由衷地感谢。

前不久有人送给我他同王德胜合著的《朱光潜宗白华论》一书。是偶然的巧合呢，还是“英雄所见略同”？我不知道。我读完以后，更加强了我上面说的那些想法。我觉得，这真是本好书。

1988 年 9 月 23 日

《董秋芳译文选》序

恩师董秋芳（冬芬）先生离开我们已经颇有些年头了。我自己到了今天已届耄耋之年，然而年岁越老，对先生的怀念也就越浓烈。这情景，对别人来说，也许有点难解。但对我自己来说，用不着苦心参悟，就是一目了然的。

在我初入世的时候，我们俩走的道路几乎完全一样。他是北大英文系毕业的，因为写了文章，翻译了书，于是成了作家，而当时的逻辑是，是作家就能教国文，于是他就来到了我的母校济南省立高中当国文教员，我就是他当时的学生。在这之前的一年，日寇占领济南，是我当亡国奴的一年。再前则是山大附设高中的学生。学的是古文，写的是文言文，老师王崑玉先生给我留下了终生难忘的印象。1928 年是我在无意识中飞跃的一年，从《古文观止》、《书经》和《诗经》飞跃到鲁迅和普罗文学，在新文学岸边上迎接我的正是董秋芳先生，我自己也不知道，是出于什么原因，我的白话作文竟受到了秋芳先生的激赏，说我是“全班甚至全校之冠”。我是一个平凡的人，受到赞赏，这本是不虞之誉，我却感到喜悦和兴奋。这样就埋下了我终身写作的种子。除了在德国十年写得很少，“十年浩劫”根本没写之外，我一直写作未辍。我认为，作家是一个高贵的称呼，是“人类灵魂的工程师”，区区如不佞者焉能当此称号！我一直不敢以作家自居。然而，写作毕竟成为我生活不可或缺的一部分，每有真实感触，则必写为文章，不仅是自己怡悦，也持赠别人。所有这一切，都必须归功于董先生，我称他为“恩师”，不正是恰如其分吗？

现在来谈冬芬先生的翻译。就目前中国翻译界来看，翻译已成为司空见惯的事。几乎所有世界各国的文学大师的全集都已有了汉文全译本。对外国当前文艺的情况也可以说是了如指掌。据我个人的看法，眼前中国翻译界的问题不在量，而在质。努力提高翻译水平，改变求大求全而译文则极不理想的情况，是当务之急。然而在七八十年前鲁迅、董秋芳的时代，情况完全不是这个样子。当时译本不多，而且往往只限于几个大国。鲁迅先生完全不是为翻译而翻译。他发现了中国固有文化有许多不尽如人意之处，中国的民族性好像也不能令人满意。因此他提出了“拿来主义”的号召，让人少读，或者简直不读中国书。现在看起来，这似乎有偏激之处；然而鲁迅的苦心是一般有识之士可能理解的。他像古代希腊神话中盗取天火的普罗米修斯那样，想从外国引进一点火种，以改造我们的民族性，为我们国民进行启蒙教育。他特别重视翻译国际上弱小民族的文学作品，因为这些国家的处境更与我们的处境接近，从那里取来的火种更能启迪我们。

冬芬先生是鲁迅先生忠实的学生和追随者，他也决不是为翻译而翻译，他做翻译工作有自己的理想，有自己的目标。他除了翻译一些英美文学作品之外，翻译最多的是俄罗斯作家，兼及西班牙、印度、犹太等地的作家，这些作家有些是在当时不被重视的，或者由于政治原因而被打入另册的。他翻译这些作家的作品，决不仅仅是为了拾遗补阙，其真正目的是在盗取天火以济人世之穷。

冬芬先生这些译作都是在解放前完成的，到现在已经超过半个世纪了。现在由他的女公子菊仙整理付印，索序于我。这不禁勾起来了我那缅怀师恩之幽情，因而不揣谫陋，略陈鄙见如上。是为序。

2000年12月3日

追忆哈隆教授

1935年深秋，我来到了德国的哥廷根。

我曾有过一个公式：

天才＋勤奋＋机遇＝成功

我十分强调机遇。我是从机遇缝里钻出来的，从山东穷乡僻壤钻到今天的我。

到了德国以后，我被德国学术交换处分配到哥廷根，而乔冠华则被分配到吐平根（Tübingen）。如果颠倒一下的话，则吐平根既无梵学，也无汉学。我在那里混上两年，一无所获，连回国的路费都无从筹措。我在这里真不能不感谢机遇对我的又一次垂青。

我到了哥廷根，真是如鱼得水。到了1936年春，我后来的导师E. Waldschmidt调来哥廷根担任梵学正教授。这就奠定了我一生研究的基础。梵文研究所设在东方研究所（都不是正式的名称）内，这个研究所坐落在大图书馆对面 Gauss-Weber-Haus 内。这是几百年前大数学家 Gauss 和他的同伴 Weber 鼓捣电报的地方。房子极老，一层是阿拉伯研究所、巴比伦亚述研究所、古代埃及文研究所。二层是梵文研究所、斯拉夫语研究所、伊朗研究所。三层最高层则住着俄文讲师 V. Grimm 夫妇。

大学另外有一个汉学研究所，不在 Gauss-Weber-Haus 内，而在离开此地颇远的一个大院子中大楼里。院子极大，有几株高大的古橡树矗立其间，上摩青天，气象万千。大楼极大，我不知道是做什么用的，楼中也很少碰到人。在二楼，有六七间大房子、四五间小房子，拨归汉学研究所使用。同 Gauss-Weber-Haus 比较起来宽敞多了。

汉学研究所没有正教授，有一位副教授兼主任，他就是 G. 哈隆（G. Haloun）教授，这个研究所和哈隆本人都不被大学所重视。他告诉我：他是苏台德人，不为正统的德国人所尊重。事实上也确实是这样的，我从来没有见过他同德国人有什么来往。哥廷根是德国的科学重镇，有一个科学院，院士们都是正教授中之佼佼者。这同他是不沾边的。在这里，他是孤独的，寂寞的。陪伴他出出进进汉学研究所，我只看到他夫人一个人。在汉学研究所他的办公室里，他夫人总是陪他坐在那里，手里摆弄着什么针线活，教授则埋首搞自己的研究工作。好像这里就是他们的家庭。他们好像是处在一个孤岛上，形影不离，相依为命。

哈隆教授对中国古籍是下过一番苦功的。尤其是对中国古代音韵学有深湛的研究。用拉丁字母来表示汉字的发音，西方有许多不同的方法。但是，他认为，这些方法都不能真正准确地表示出汉字独特的发音，因此，他自己重新制造了一个崭新的体系，他自己写文章时就使用这一套体系。

在我到达哥廷根以前若干年中，哈隆教授研究中心问题，似与当时欧洲汉学新潮流相符合，重点研究古代中亚文明。他费了许多年的时间，写了一篇相当长的论文《论月支（化）问题》，发表在有名的《德国东方学会会刊》上，受到了国际汉学家广泛的关注。

哈隆教授能读中文书，但不会说中国话。看这个问题应该有一个历史的观点。几百年前，在欧洲传播一点汉语知识的多半是在中国从事传教活动的神甫和牧师。但是，他们虽然能说中国话，却不是汉学家。再晚一些时候，新一代汉学家成长起来了。他们精通汉语和一些少数民族的语文，但是能讲汉语者极少。比如鼎鼎大名的法国的伯希和（Paul Pelliot），我在清华念书时曾听过他一次报告，是用英语讲的。可见他汉话是不灵的。

上个世纪30年代，我到了德国，汉学家不说汉语的情况并没有改变。哈隆教授决非例外。一直到比他再晚一代的年轻的汉学家，情况才开始改变。二战结束，到中国来去方便，年轻的汉学家便成群结队地来到了中国，从此欧洲汉学家不会讲汉语的情况便永远成为历史了。

我初到哥廷根时，中国留学生只有几个人，都是学理工的，对汉学不感兴趣。此时章士钊的妻子吴弱男（曾担任过孙中山的英文秘书）正带着三个儿子游学欧洲，只有次子章用留在哥廷根学习数学。他从幼年起就饱读诗书，能做诗。我们一见面，谈得非常痛快，他认为我是空谷足音。他母亲说，他平常不同中国留学生来往，认识我了以后，仿佛变了一个人，经常找我来闲聊。彼此如坐春风。章用同哈隆关系不太好。章曾帮助哈隆写过几封致北京一些旧书店买书的信。1935 年深秋，我到了哥廷根，领我去见哈隆的记得就是章用。我同哈隆一见如故。对于哈隆教授这一代的欧洲汉学家，我有自己的实事求是的看法，他们的优缺点，我虽然不敢说是了如指掌，但是八九不离十。我们中国人首先应当尊敬他们，是他们把我国的文化传入欧美的，是他们在努力加强西方人对中国文化的了解。他们有了困难，帮助他们是我们的天职。我们没有任何理由小看他们，不尊重他们。

哈隆教授，除了自己进行研究工作以外，他最大的成绩就是努力创造了一个规模不小的汉学图书馆。他多方筹措资金，到中国北京去买书。我曾给他写过一些信给北京琉璃厂的某书店，还有东四脩绠堂等书店，按照他提出的书单，把书运往德国。哥廷根大学图书馆并不收藏汉文书籍，对此也毫无兴趣。

哈隆的汉学图书馆占有五六间大房子和几间小房子。大房子中，书架上至天花板，估计有几万册。线装书最多，也有不少的日文书籍。记得还有几册明版的通俗小说，在中国也应该属于善本了。对我来讲，最有用的书极多，首先是《大正新修大藏经》一百册。这一部书是我做研究工作必不可少的。可惜在哥廷根只有 Prof. Waldschmidt 有一套，我无法使用。现在，汉学研究所竟然有一套，只供我一个人使用，真如天降洪福，绝处逢生。此外，这里还有一套长达百本的笔记丛刊。我没事时也常读一读，增加了一些乱七八糟的知识。在这样的情况下，我在哥廷根十年，绝大部分时间是在梵学研究所度过的，其余的时间则多半是在汉学研究所。

我对哈隆的汉学图书馆也可以说是做过一些贡献的。中国木板的旧书往往用蓝色的包皮装裹起来，外面看不到书的名字，这对读者非常不方便。我让国内把虎皮宣纸寄到德国，附上笔和墨。我对每一部这样的书都用宣纸写好书名，贴到书上，让读者一看就知道是什么书，非常方便。而且也美观。几个大书架上，仿佛飞满了黄色的蝴蝶，顿使不太明亮的大书库里也充满了盎然的生气。不但我自己觉得很满意，哈隆更是赞不绝口，有外宾来参观，他也怀着骄傲的神色向他们介绍，这种现象在别的汉学图书馆中也许是见不到的。

时间已经到了 1937 年，清华同德国的交换期满了，我再也拿不到每月 120 马克了。但这也并非绝路，既到了德国，总会有办法的，比如申请洪堡基金等等。但是，哈隆教授早已给我安排好了，我被聘为哥廷根大学汉语讲师，工资每月 150 马克。我的开课通知书赫然贴在大学教务处开课通知栏中，供全校上万名学生选择。在几年中确实有人报名学习汉语普通话，但过不了多久，一一都走光。在当时，汉语对德国用处不大。不管怎样，我反正已经是大学的成员之一。对我来说，在当时的政治环境下，这是非常有利的。

这时陆续有几个中国留学生来到哥廷根。他们中有的是考上了官费留学的，这在当时的中国，没有极强硬的后台是根本不可能的。据说，在两年内，他们每月可以拿到八百马克。其余的留学生中有安徽大地主的子弟，有上海财阀的子女，平时财大气粗；但是，1939 年二战一爆发，邮路梗阻，家里的钱寄不出来，立即显露出一副狼狈相。反观我这区区 150 马克，固若金汤，我毫无后顾之忧，每月到大学财务处去领我的工资。所有这一切，我当然必须感谢哈隆教授。

哈隆教授的汉学图书馆在德国在欧洲是名声昭著的。我到图书馆去的时候，时不时地会遇到一些德国汉学家或欧洲其他国家的汉学家来这里查阅书籍，准备写博士论文或其他著作。英国的翻译家 Arthur Waley，就是我在这里认识的。

时间大概是到了 1938 年，距二战爆发还有一年的时间。有一天，哈隆教授告诉我，他已接受英国剑桥大学的邀请去担任汉语讲座教授，对他对我这都是天大的喜事。我向他表示诚挚的祝贺。他说，他真舍不得离开他的汉学图书馆。但是，现在是不离开不行的时候了。他要我同他一起到剑桥去，在那里他为我谋得了一个汉学讲师的位置。我感谢他的美意；但是，我的博士论文还没有完成。此事只好以后再提。

他去英国的前几天，我同当时在哥廷根的中国留学生田德望在市政府地下餐厅设宴为他饯行。我们都准时到达。那一天晚上，我看哈隆教授是真动了感情。他坐在那里，半天不说话，最后说："我在哥廷根十几年，没有交一个德国朋友，在去英国之前，还是两个中国朋友来给我饯行。"说罢，真正流出了眼泪。从此以后，他携家走英伦。1939年二战爆发。我的剑桥梦也随之破灭。我再也没有见到过他。

在《站在胡适之先生墓前》那一篇文章里，我曾列举了平生有恩于我的师友，在德国，我只列了两位：Sieg和Waldschmidt。现在看来，不够了，应该加上哈隆教授，没有他的帮助，我在哥廷根是完成不了那样多的工作的。

2003年6月30日于三〇一医院

遥远的怀念

华东师范大学出版社编辑部出了这样一个绝妙的题目，实在是先得我心。我十分愉快地接受了写这篇文章的任务。

唐代的韩愈说："古之学者必有师。师者，所以传道、受业、解惑也。"今之学者亦然。各行各业都必须有老师。"师父领进门，修行在个人。"虽然修行要靠自己，没有领进门的师父，也是不行的。

我这一生，在过去的六十多年中，曾有过很多领我进门的师父。现在虽已年逾古稀，自己也早已成为"人之患"（"人之患，在患为人师"），但是我却越来越多地回忆起过去的老师来。感激之情，在内心深处油然而生。我今天的这一点点知识，有哪一样不归功于我的老师呢？从我上小学起，经过了初中、高中、大学一直到出国留学，我那些老师的面影依次浮现到我眼前来，我仿佛又受了一次他们的教诲。

关于国内的一些老师，我曾断断续续地写过一些怀念的文章。我现在想选一位外国老师，这就是德国的瓦尔德施密特教授。

我于1934年从清华大学西洋文学系毕业，在故乡济南省立高中当了一年国文教员。1935年深秋，我到了德国，在哥廷根大学学习。从1936年春天起，我从瓦尔德施密特教授学习梵文和巴利文。我在清华大学读书时曾旁听过陈寅恪先生的“佛经翻译文学”。我当时就对梵文发生了兴趣。但那时在国内没有人开梵文课，只好画饼充饥，徒唤奈何。到了哥廷根以后，终于有了学习的机会，我简直是如鱼得水，乐不可支。教授也似乎非常高兴。他当时年纪还很轻，看上去比他的实际年龄更年轻，他刚在哥廷根大学得到一个正教授的讲座。他是研究印度佛教史的专家，专门研究新疆出土的梵文贝叶经残卷。除了梵文和巴利文外，还懂汉文和藏文，对他的研究工作来说，这都是不可缺少的。我一个中国人为什么学习梵文和巴利文，他完全理解。因此，他从来也没有问过我学习的动机和理由。第一学期上梵文课时，班上只有三个学生：一个乡村牧师，一个历史系的学生，第三个就是我。梵文在德国也是冷门，三人成众，有三个学生，教授就似乎很满意了。

教授的教学方法是典型的德国式的。关于德国教外语的方法我曾在几篇文章里都谈到过，我口头对人“宣传”的次数就更多。我为什么对它如此地偏爱呢？理由很简单：它行之有效。我先讲一讲具体的情况。同其他外语课一样，第一年梵文（正式名称是：为初学者开设的梵文）每周两次，每次两小时。德国大学假期特长特多。每学期上课时间大约只有二十周，梵文上课时间共约八十小时，应该说是很少的。但是，我们第一学期就学完了全部梵文语法，还念了几百句练习。在世界上已知的语言中，梵文恐怕是语法变化最复杂、最烦琐，词汇量最大的语言。语法规律之细致、之别扭，哪一种语言也比不上。能在短短的八十个小时内学完全部语法，是很难想象的。这同德国的外语教学法是分不开的。

第一次上课时，教授领我们念了念字母。我顺便说一句，梵文字母也是非常啰唆的，绝对不像英文字母这样简明。无论如何，第一堂我觉得颇为舒服，没感到有多大压力。我心里满以为就会这样舒服下去的。第二次上课就给了我当头一棒。教授对梵文非常复杂的连声规律根本不加讲解。教科书上的阳性名词变化规律他也不讲。一下子就读起书后面附上的练习来。这些练习都是一句句的话，是从印度梵文典籍中选出来的。梵文基本上是一种死文字。不像学习现代语言那样一开始先学习一些同生活有关的简单的句子：什么“我吃饭”，“我睡觉”等等。梵文练习题里面的句子多少都脱离现代实际，理解起来颇不容易。教授要我读练习句子，字母有些还面生可疑，语法概念更是一点也没有。读得结结巴巴，译得莫名其妙，急得头上冒汗，心中发火。下了课以后，就拼命预习。一句只有五六个字的练习，要查连声，查语法，往往要做一两个小时。准备两小时的课，往往要用上一两天的时间。我自己觉得，个人的主观能动性真正是充分调动起来了。过了一段时间，自己也逐渐适应了这种学习方法。头上的汗越出越少了，心里的火越发越小了。我尝到了甜头。

除了梵文和巴利文以外，我在德国还开始学习了几种别的外语。教学方法都是这个样子。相传19世纪德国一位语言学家说过这样的话："拿学游泳来打个比方，我教外语就是把学生带到游泳池旁，一下子把他们推下水去。如果他们淹不死，游泳就学会了。"这只是一个比方，但是也可以看出其中的道理。虽然有点夸大，但道理不能说是没有的。在"文化大革命"中，我自己跳出来，成了某一派"革命"群众的眼中钉、肉中刺，被"打翻在地，踏上了一千只脚"，批判得淋漓尽致。我宣传过德国的外语教学法，成为大罪状之首，说是宣传德国法西斯思想。当时一些"革命小将"的批判发言，百分之九十九点九是胡说八道，他们根本不知道，这种教学法兴起时，连希特勒的爸爸都还没有出世哩！我是"死不改悔"的顽固分子，今天我仍然觉得这种教学法能充分调动学生的积极性，尽早独立自主地"亲口尝一尝梨子"，是行之有效的。

这就是瓦尔德施密特教授留给我的第一个也是最深的一个印象。从那以后，一直到1939年第二次世界大战爆发，他被征从军为止，我每一学期都必选教授的课。我在课堂上（高年级的课叫做习弥那尔：即 Seminar）读过印度古代的史诗、剧本，读过巴利文，解读过中国新疆出土的梵文贝叶经残卷。他要求学生极为严格，梵文语法中那些古里古怪的规律都必须认真掌握，决不允许有半点马虎和粗心大意，连一个字母他也决不放过。学习近代语言，语法没有那样繁复，有时候用不着死记，只要多读一些书，慢慢地也就学通了。但是梵文却绝对不行。梵文语法规律有时候近似数学，必须细心地认真对付。教授在这一方面是十分认真的。后来我自己教学生了。我完全以教授为榜样，对学生要求严格。等到我的学生当了老师的时候，他们也都没有丢掉这一套谨严细致的教学方法。教授的教泽真可谓无远弗届，流到中国来，还流了几代。我也总算对得起我的老师了。

瓦尔德施密特教授的专门研究范围是新疆出土的梵文贝叶经。在这一方面，他是蜚声世界的权威。他的老师是德国的梵文大家吕德斯教授，也是以学风谨严著称的。教授的博士论文以及取得在大学授课资格的论文，都是关于新疆贝叶经的。这两本厚厚的大书，里面的材料异常丰富，处理材料的方式极端细致谨严。一张张的图表，一行行的统计数字，看上去令人眼花缭乱，令人头脑昏眩。我一向虽然不能算是一个马大哈，但是也从没有想到写科学研究论文竟然必须这样琐细。两部大书好几百页，竟然没有一个错字，连标点符号，还有那些希奇古怪的特写字母或符号，也都是个个确实无误，这实在不能不令人感到吃惊。德国人一向以彻底性自诩。我的教授忠诚地保留了德国的优良传统。留给我的印象让我终生难忘，终生受用不尽。

但是给我教育最大的还是我写博士论文的过程。按德国规定，一个想获得博士学位的学生必须念三个系：一个主系和两个副系。我的主系是梵文和巴利文，两个副系是斯拉夫语文系和英国语文系。指导博士论文的教授，德国学生戏称之为“博士父亲”。怎样才能找到博士父亲呢？这要由教授和学生两个方面来决定。学生往往经过在几个大学中获得的实践经验，最后决定留在某一个大学跟某一个教授做博士论文。德国教授在大学里至高无上，他说了算，往往有很大的架子，不大肯收博士生，害怕学生将来出息不大，辱没了自己的名声。越是名教授，收徒弟的条件越高。往往经过几个学期的习弥那尔，教授真正觉得孺子可教，他才点头收徒，并给他博士论文题目。

对我来讲，我好像是没有经过那样漫长而复杂的过程。第四学期念完，教授就主动问我要不要一个论文题目。我听了当然是受宠若惊，立刻表示愿意。他说，他早就有一个题目《〈大事〉伽陀中限定动词的变化》，问我接受不接受。我那时候对梵文所知极少，根本没有选择题目的能力，便满口答应。题目就这样定了下来。佛典《大事》是用所谓“混合梵文”写成的，既非梵文，也非巴利文，更非一般的俗语，是一种乱七八糟杂凑起来的语言。这种语言对研究印度佛教史、印度语言发展史等都是很重要的。我一生对这种语言感兴趣，其基础就是当时打下的。

题目定下来以后，我一方面继续参加教授的习弥那尔，听英文系和斯拉夫语文系的课，另一方面就开始读法国学者塞那校订的《大事》，一共厚厚的三大本，我真是争分夺秒，“开电灯以继晷，恒兀兀以穷年”。我把每一个动词形式都做成卡片，还要查看大量的图书杂志，忙得不可开交。此时国际环境和生活环境越来越恶劣。吃的东西越来越少，不但黄油和肉几乎绝迹，面包和土豆也仅够每天需要量的三分之一至四分之一。黄油和面包都搀了假，吃下肚去，咕咕直叫。德国人是非常讲究礼貌的。但在当时，在电影院里，屁声相应，习以为常。天上还有英美的飞机，天天飞越哥廷根上空。谁也不知道，什么时候会有炸弹落下，心里终日危惧不安。在自己的祖国，日本军国主义者奸淫掳掠，杀人如麻。“烽火连三年，家书抵亿金。”我是根本收不到家书的。家里的妻子老小，生死不知。我在这种内外交迫下，天天晚上失眠。偶尔睡上一点，也是恶梦迷离。有时候梦到在祖国吃花生米。可见我当时对吃的要求已经低到什么程度。几粒花生米，连龙肝凤髓也无法比得上了。

我的论文就是在这种情况下慢慢地写下去的。我想，应当在分析限定动词变化之前写上一篇有分量的长的绪论，说明“混合梵语”的来龙去脉以及《大事》的一些情况。我觉得，只有这样，论文才显得有气派。我翻看了大量用各种语言写成的论文，做笔记，写提纲。这个工作同做卡片同时并举，经过了大约一年多的时间，终于写成了一篇绪论，相当长。自己确实是费了一番心血的。“文章是自己的好”，我自我感觉良好，觉得文章分析源流，标列条目，洋洋洒洒，颇有神来之笔，值得满意的。我相信，这一举一定会给教授留下深刻印象，说不定还要把自己夸上一番。当时欧战方殷，教授从军回来短期休假。我就怀着这样的美梦，把绪论送给了他。美梦照旧做了下去。隔了大约一个星期，教授在研究所内把文章退还给我，脸上含有笑意，最初并没有说话。我心里咯噔一下，直觉感到情势有点不妙了。我打开稿子一看，没有任何改动。只是在第一行第一个字前面划上了一个前括号，在最后一行最后一个字后面划上了一个后括号。整篇文章就让一个括号括了起来，意思就是说，全不存在了。这真是“坚决、彻底、干净、全部”消灭掉了。我仿佛当头挨了一棒，茫然、懵然，不知所措。这时候教授才慢慢地开了口：“你的文章费劲很大，引书不少。但是都是别人的意见，根本没有你自己的创见。看上去面面俱到，实际上毫无价值。你重复别人的话，又不完整准确。如果有人对你的文章进行挑剔，从任何地方都能对你加以抨击，而且我相信你根本无力还手。因此，我建议，把绪论统统删掉。在对限定动词进行分析以前，只写上几句说明就行了。”一席话说得我哑口无言，我无法反驳。这引起了我的激烈的思想斗争，心潮滚滚，冲得我头晕眼花。过了好一阵子，我的脑筋才清醒过来，仿佛做了黄粱一梦。我由衷地承认，教授的话是完全合情合理的。我由此体会到：写论文就应该是这个样子。

这是我一生第一次写规模比较大的学术论文，也是我第一次受到剧烈的打击。然而我感激这一次打击，它使我终生头脑能够比较清醒。没有创见，不要写文章，否则就是浪费纸张。有了创见写论文，也不要下笔千言，离题万里。空洞的废话少说不说为宜。我现在也早就有了学生了。我也把我从瓦尔德施密特教授那里接来的衣钵传给了他们。

我的回忆就写到这里为止。这样一个好题目，我本来希望能写出一篇像样的东西。但是却是事与愿违，文章不怎么样。差幸我没有虚构，全是大实话，这对青年们也许还不无意义吧。

1987年3月18日晨

我的第一位老师

他实际上不是我的第一位老师。在他之前，我已经有几位老师了。不过都已面影迷离，回忆渺茫，环境模糊，姓名遗忘。只有他我还记得最清楚，因而就成了第一了。

我这第一位老师，姓李，名字不知道。这并非由于忘记，而是当时就不注意。一个九岁的孩子，一般只去记老师的姓，名字则不管。倘若老师有“绰号”——老师几乎都有的——，则只记绰号，连姓也不管了。我们小学就有“shao qianr（即知了，蝉。济南这样叫，不知道怎样写）”、“卖草纸的”等等老师。李老师大概为人和善，受到小孩子的尊敬，又没有什么特点，因此逃掉起“绰号”这一有时颇使老师尴尬的关。

我原在济南一师附小上学，校长是新派人物，在山东首先响应五四运动，课本改为白话。其中有一篇《阿拉伯的骆驼》，是一个众所周知的寓言故事。我叔父忽然有一天翻看语文课本，看到这一篇，勃然大怒，高声说：“骆驼怎么能会说话！荒唐之至！快转学！”

于是我就转了学，转的是新育小学。因为侥幸认识了一个“骡”字，震动了老师，让我从高小开始，三年初小，统统赦免。一个字竟能为我这一生学习和工作提前了一两年，不称之为运气好又称之为什么呢？

新育校园极大，从格局上来看，旧时好像是什么大官的花园。门东向，进门左拐，有一排平房。沿南墙也有一排平房，似为当年仆人的住处。平房前面有一片空地，偏西有修砌完好的一大圆池塘，我可从来没见过里面有水，只是杂草丛生而已。池畔隙地也长满了杂草，春夏秋三季，开满了杂花，引得蜂蝶纷至，野味十足，与大自然浑然一体。倘若印度大诗人泰戈尔来到这里，必然认为是办学的最好的地方。

进校右拐，是一条石径，进口处木门上有一匾，上书“循规蹈矩”。我对这四个字感到极大的兴趣，因为它们难写，更难懂。我每天看到它，但是一直到毕业，我也不知道是什么意思。

石径右侧是一座颇大的假山，石头堆成，山半有亭。本来应该是栽花的空地上，现在却没有任何花，仍然只是杂草丛生而已。遥想当年鼎盛时，园主人大官正在辉煌夺目之时，山半的亭子必然彩绘一新，耸然巍然。山旁的隙地上也必然是栽满了姚黄魏紫，国色天香。纳兰性德的词“晚来风动护花铃，人在半山亭”所流露出来的高贵气象，必然会在这里出现。然而如今却是山亭颓败，无花无铃，唯有夕阳残照乱石林立而已。

可是，我却忘记不了这一座假山，不是由于它景色迷人，而是由于它脚下那几棵又高又粗的大树。此树我至今也不知道叫什么名字。它春天开黄色碎花，引得成群的蜜蜂，绕花嗡嗡，绿叶与高干并配，花香与蜂鸣齐飞，此印象至今未泯。我之所以怀念它还有另外一个原因，当年连小学生也是并不那么“循规蹈矩”的——那四个字同今天的一些口号一样，对我们丝毫也不起作用。如果我们觉得哪个老师不行，我们往往会“架”（赶走也）他。“架”的方式不同，不要小看小学生，我们的创造力是极为丰富多彩的。有一个教师就被我们“架”走了。采用的方式是每个同学口袋里装满那几棵大树上结的黄色的小果子，这果子味涩苦，不能吃，我们是拿来作武器的。预备被“架”的老师一走进课堂，每人就从口袋里掏出那种黄色的小果子，投向老师。宛如旧时代两军对阵时万箭齐发一般，是十分有威力的。老师知趣，中了几弹之后，连忙退出教室，卷起铺盖回家。

假山对面，石径左侧，有一个单独的大院子，中建大厅，既高且大，雄伟庄严，是校长办公的地方。当年恐怕是大官的客厅，布置得一定非常富丽堂皇。然而，时过境迁，而今却是空荡荡的，除了墙上挂的一个学生为校长画的炭画像以外，只有几张破桌子，几把破椅子，一副寒酸相。一个小学校长会有多少钱来摆谱呢？

可是，这一间破落的大厅却给我留下了难以磨灭的印象，至今历历如在眼前。我曾在这里因为淘气被校长用竹板打过手心，打得相当厉害，一直肿了几天，胖胖的，刺心地痛。此外，厅前有两个极大的用土堆成用砖砌好的花坛，春天栽满了牡丹和芍药。有一年，我在学校里上英文补习夜班，下课后，在黑暗中，我曾偷着折过一朵芍药。这并不光彩的事，也使我忆念难忘，直至今天耄耋之年，仍然恍如昨日。

大厅院外，石径尽头，有一个小门，进去是一个大院子，整整齐齐，由东到西，盖了两排教室，是平房，房间颇多，可以供全校十几个班的学生上课。教室后面，是大操场，操场西面，靠墙还有几间房子，老师有的住在那里。门前两棵两人合抱的大榆树，叶子长满时，浓荫覆盖一大片地。树上常有成群的野鸟住宿。早晨和黄昏，噪声闹嚷嚷的，有似一个嘈杂无序的未来派的音乐会。

现在该说到我们的李老师了。他上课的地方就在靠操场的那一排平房的东头的一间教室里。他是我们的班主任，教数学、地理、历史什么的。他教书没有什么特点，因此，我回忆不出什么细节。我们当时还没有英文课，学英文有夜班，好像是要另出钱的，不是正课。可不知为什么我却清清楚楚地回忆起一个细节来：李老师在我们自习班上教我们英文字母，说 f 这个字母就像是一只大蜂子，腰细两头尖。这个比喻，形象生动，所以一生不忘。他为什么讲到英文字母，其他字母用什么来比喻，我都记不清了。

还有一件事情让我至今难以忘怀。有一年春天，大概是在清明前后，李老师领我们这一班学生，在我上面讲到的圆水池边上，挖地除草，开辟出一块菜地来，种上了一些瓜果蔬菜一类的东西。我们这一群孩子，平均十一二岁的年龄，差不多都是首次种菜，眼看着乱草地变成了整整齐齐、成垅成畦的菜地，春雨沾衣欲湿，杏花在雨中怒放。古人说：杏花春雨江南。我们现在是杏花春雨北国。地方虽异，其情趣则一也。春草嫩绿，垂柳鹅黄，真觉得飘飘欲仙。那时候我还不会“为觅新词强说愁”，实际上也根本无愁可说，浑身舒服，意兴盎然。我现在已经经过了八十多个春天，像那样的一个春天，我还没有过过，今后大概也不会再有了。

所有这一切，都是同李老师紧密联系在一起的。因此，众多的小学老师，我只记住了李老师一个人，也可以说是事出有因了吧。李老师总是和颜悦色，从不疾言厉色。他从来没有用戒尺打过任何学生，在当时体罚成风、体罚有理的风气下，这是十分难得的。他住的平房十分简陋，生活十分清苦。但从以上说的情况来看，他真能安贫乐道，不改其乐。

我十三岁离开新育小学，以后再没有回去过。我不知道，李老师后来怎样了，心里十分悔恨。倘若有人再让我写一篇《赋得永久的悔》，我一定会写这一件事。差幸我大学毕业以后，国内国外，都步李老师后尘，当一名教师，至今已有六十多年了，我当一辈子教员已经是注定了的。只有这一点可以告慰李老师在天之灵。

李老师永远活在我的心中。

1996 年 7 月

重友

春城忆广田

昆明素有春城之称。这个称号真正是名副其实的。哪一个从外地来到这里的人，一下飞机，一下火车，不立刻就感到这里是春意盎然，春光无限呢？我们读旧小说，常常遇到“四时不谢之花，八节长春之草”之类的句子。我从前总以为，这是小说家言，不足信的；这只是用来描绘他们心目中的阆苑仙境的。然而，到了昆明以后，才知道，这并非幻想，而是事实。如果人世间真有阆苑仙境的话，那么昆明就是一个。

我对昆明并不陌生，我来到这里已经有五六次之多了。二十多年前，当我第一次到昆明的时候，我立刻就惊诧于这座城市风光之美丽，民风之淳朴。但是，我当时觉得，这里的街道还是比较狭窄的，铺的全是石头；街旁的建筑物也比较古老，都是用木头建成的。我脑海里立刻浮现出“边城”两个字，虽然我对于什么叫“边城”也并不是十分清楚的。

但是，这里的自然风光之美毕竟是非常可爱的。谈到这里的自然风光，那真可以说是有口皆碑。五百里滇池当然是名闻天下的。即如西山的巍峨，龙门的险峻，圆通山的花潮，曹溪寺的元梅，黑龙潭的清幽，华亭寺的堂皇，筇竹寺的五百罗汉和孔雀杉，金殿的铜瓦铜柱的大殿，大观楼的长联，省图书馆的收藏，所有这一切都给人留下深刻的印象，屡见于古往今来文人骚客的文章中，蔚为天下奇观。再谈到昆明以及云南各处的茶花，那真可以说是天下无二。我们平常见到的花，雄奇的很多，秀丽的也不少。但兼有二者之长的，却绝无仅有。“国色朝酣酒，天香夜染衣”，秀丽固秀丽矣，但雄奇则有所不足。高树顶上的槐花，雄奇固雄奇矣，秀丽则大为欠缺。兼有二者的，在印度我见到的有木棉花，在中国则是茶花。试想在高大的树上开着碗口大的五颜六色的花朵，秀色夺人眼目，姿态快人胸怀，绚丽多彩，宛如天空中一朵朵云霞，我们这些生长在北国的只见过雄奇而不秀丽，或只秀丽而不雄奇的花朵的人，看到这一些，难道能不为之惊叹不置吗？

倘若我们再登上龙门远眺，我们那惊叹不置的程度决不会下于看到茶花。这里真称得上是天下奇景。试闭目想一想，在壁立千仞的悬岩峭壁上，硬是用人力一斧一凿，凿出了一条曲径、几座庙宇、许许多多的对联、无数尊的神像，难道不感到简直有点不可思议吗？这些对联决不是空话俗套，而是描写了眼前的景色，抒发了人们登临的感受。“一径起细雨，千林散绿阴”，情景宛在眼前。“仰笑宛离天尺五，凭临恰在水中央”，把山高水长的景色描绘得具体生动。这只能用到龙门，决不能移用到别处。所谓“水中央”当然是指的滇池。我们站在龙门最高处，俯瞰滇池，下临无地，五百里滇池尽收眼底。风帆点点，烟水茫茫，稻田青青，堤岸长长。古人诗云：“气吞云梦泽，波撼岳阳城。”我们站在这里，大有“波撼昆明城”之感。甚至在水天渺茫中，我们仿佛还感到我们所在的龙门，都在随着水波的滚翻而轻轻地震摇。这就不仅是“波撼昆明城”，而是“波撼龙门巅”了。这还只是眼前的景色。这里还有许多优美的神话传说。比如对孝牛泉的传说等等。最优美的还是关于龙门最高处那一个奎星像的传说。这一座奎星像也是同其他庙宇神像一样是完全用石头雕成的。据说一个石匠用了毕生精力，雕凿这一座神像。雕到最后，只剩下奎星手中拿着的那一支笔了。也许是因为耗尽了精力，竟然失手把笔凿断。他一时怒恨交加，纵身投下悬崖，以身殉艺。不管这传说是真是假，不是对我们都很有启发吗？

这样的自然风光固然非常迷人。这里的淳朴民风迷人的程度决不下于自然风光。外地到过昆明的人都会异口同声表示同感。我常常跟朋友开玩笑说，我不但迷信相面，而且还迷信相声（不是那个曲艺的相声）。我相信，从一个人的方言的声调中可以听出他的性格来。昆明的方言的声调透露出什么样的性格来呢？透露的是：淳朴、正直、热情、忠厚。当我第一次到昆明来的时候，从本地人说话的声调中，我就得了这样一个印象。以后我多次到过昆明，同本地人接触越来越多，就充分证实了我的印象。许多大大小小的事情，越来越证明我的看法颇有一些道理。前几天我在宾馆里同一位老同志开玩笑，说到我的迷信。他经过仔细地品味和考虑，竟然同意了我的看法。这就使我颇有点沾沾自喜了。真的，到过昆明的人，同本地人一接触，谁会不为他们那种诚悫淳朴的言谈举动所感动呢？谁会不感到来到这座春城就像处在盎然的春意中而怡然自得呢？在这样的情况下，我也就越来越喜欢昆明，越来越爱昆明人了。

昆明风光之美丽，民风之淳朴，确实都是值得赞美的，值得怀念的。但是昆明，也像全国各地一样，曾经经受过一番剧烈的凄风苦雨。在风雨交加中，我是泥菩萨过江，自身难保。有时候，特别是在失掉自由的时候，也胡思乱想，想到自己平生美好的际遇，想到所见所闻给我印象最深的人物和地方，其中当然也有昆明。一想到昆明的风光和民风，脑海里立刻就横七竖八地插上了一些茶花的影子、龙门的影子，耳边也仿佛响起了昆明人说话淳朴的声音。但是紧接着想到的就是：这些都是过去的事情了，与自己无缘了。自己今生大概再也不会重新见到昆明了。我是多么想念昆明啊！

但是，出我意料之外地快，凄风苦雨终于过去了，我没有敢期望再见到的东西又见到了。对我来讲，简直像是一个奇迹：我现在又来到了昆明。我的那种边城之感，在前几次来的时候已经消逝无踪。现在看到的昆明是一座充满了阳光、花朵、诗情、画意的春城，同全国各地一样，昆明在经过了一番磨练之后，现在不是磨倒，而是磨练得更美丽、更明朗、更生动、更清新。我感到在这里太阳特别明亮，天空特别蔚蓝，空气特别新鲜，微风特别宜人，树木特别浓绿，花朵特别红艳。到了春城，我自然而然地想到唐代诗人韩翃的一首著名的诗《寒食》：

春城无处不飞花，
寒食东风御柳斜。
日暮汉宫传蜡烛，
轻烟散入五侯家。

又是出我的意料，我在到昆明的当天下午带一位年轻的同志游翠湖的时候，竟在那里举办的一个花展和画展上看到有人用酣畅的书法书写的这一首诗。可见昆明人也是把这座春城同这一首名诗联系在一起的。我心里窃窃自喜。从此我又想到，昆明是一座有文化的城，这里的人是有高度文化的人。你只要看一看那些花盆上雕刻的字和画，甚至蒸鸡用的汽锅上的画和字，就能够知道，这里文化水平是多么高了。

我来到这里，当然不仅仅是欣赏花盆上和汽锅上的诗与画。我又到处去走了走。昆明的名胜古迹很多，我前几次来时，都已游遍，而且游了不止一次。但是这些地方都是百看不厌的，我这次当然不会放过重游的机会。我又游了龙门、华亭寺、太华寺、筇竹寺、曹溪寺、圆通寺、珍珠泉、温泉等地，在所谓“天下第一汤”的泉水洗了澡，而且还长途跋涉重游了石林，到处风光如旧而胜于旧。我到处重温旧梦，颇多感慨。在风雨飘摇中，这些古迹基本上没有遭到破坏，这是十分令人宽慰的。特别是游圆通寺的时候，我的感慨更是特别多。上一次来游时，大殿神像，完整无缺，回廊清池，一片肃穆气象，颇有“曲径通幽处，禅房花木深”之感。这次重游，寺院正在修缮，到处零乱地堆砖石，许多塑像都已不见。我一方面慨叹那种罪恶的破坏，使我憎恨过去的那一些蠢事。但是，在另一方面，看到重新油漆彩绘的殿堂，我眼前好像是乌云消尽，阳光普照，又对当前和将来，充满了希望。我们伟大的祖国，我们伟大祖国的未来，毕竟是蒸蒸日上、光辉无量的，不是任何人可以破坏得了的。我能不兴会淋漓、逸兴遄飞吗？

特别令我忆念难忘的是著名京剧演员关肃霜同志，她主演了全本《铁弓缘》。我虽然看了几十年京剧，但对京剧却完全是一个外行。不过外行也有外行的优点，他没有框框，不懂得清规戒律，他能看出一般内行人因囿于习惯而看不出来的东西。我自命就是这样一个外行。我真是惊诧于她那技巧的纯熟，工力的深厚，文武双全，唱做俱佳。在全国京剧演员中，像她这样的人才，恐怕已如凤毛麟角绝无仅有了。以半百之年，而且在饱经风霜之后，竟然还能达到这样炉火纯青的水平，我们所有观看她演出的人们无不啧啧称扬，赞不绝口，难道是偶然的吗？当我们上台感谢她的演出时，她再三强调，自己演得不好。这种虚怀若谷的精神，更使我们非常感动。我上面再三讲到昆明人情之美。据我了解，关肃霜同志不是昆明人，但在昆明已经住了几十年，我现在把她也当做昆明人的代表，我想昆明人和她自己大概都不会出来反对吧！

总之，所有这一些风光之美，人情之美，这一次重游昆明，我都已经充分地享受到了。我真是感到无限的喜悦，无限的兴奋。在昆明短暂的停留，日子过得简直像在天堂里一般。但是，在我的内心深处我总感到好像缺少点什么，我感到有点不足，有点惘然，有点寂寞，有点凄凉，有点惆怅，有点悲哀。古人的诗说："冠盖满京华，斯人独憔悴。"我想改一改："冠盖满昆明，斯人独已逝。"昆明就缺少了一个人，这一个人在我前几次来昆明时，总是要见一面的。尽管时间极短，但是情谊很深。我之所以常常怀念昆明，同他也是不无关联的。然而，这一次重来，他却到哪里去了呢？我是多么怀念这个人啊！

这个人不是别人，就是李广田同志。

他原名曦晨，不知从什么时候改名广田。我们在中学并不是同学，第一次见面的情景，现在也回忆不清了。不知怎么一来，我们就认识了。在北京读书的时候，他在北大，我在清华。距离虽然很远，但也时常见面。他有时候从城内长途跋涉，到清华园去看我。相聚的时间不长，我却是非常喜欢他的。他的为人，正如他的诗文一样，恳切真挚，朴素无华，真正是文如其人，或者人如其文。后来，我离开祖国，到一个很遥远的地方去呆了十多年。因为当时我们国家和世界上都正是多事之秋，我们没有能够通信。我回国以后，到了北京，他不久也到了北京。碰巧我们俩都担任了北京一个中学的校董。开会时又常常见面，一面叙旧，一面谈新，过了一段非常愉快的日子。又过了不久，他调到昆明在云南大学担任领导职务。我那时还没有到过昆明，只是从书本上和人们的口中知道昆明的情况，是所谓“四时无寒暑，一雨便成冬”的容易引起人们幻想的地方。曦晨这样一个人，到昆明这样一个地方来，我觉得真是珠联璧合，相得益彰。我为他祝贺，也为昆明祝贺。他调来昆明的第三年，我第一次到了昆明，同曦晨见了面。一别三年，他乡音无改，衣着如旧，站在我面前的还是那一个恳切真挚、朴素无华的我多年见惯了的曦晨。我们都没有想到我们竟在万里之外见了面，我心里真是非常地高兴。以后，我几次到过或经过昆明，又同曦晨见过几面，都给我带来了极大的愉快。有时候在报纸杂志上读到他写的诗文，也都感到异常的亲切。

然而，好景不长，上面已经提到的那一阵凄风苦雨突然飞袭过来。有一段相当长的时间，我同曦晨都失掉了自由。在那些暗无天日的日子里，我什么人、什么事都不能想，当然也不会想到曦晨。不知怎么一来，我竟然活了下来，又恢复了自由。由于一个偶然的机会，我听到了他的噩耗。我当时并不怎样悲哀：那种事情我已经听惯了，不以为怪了。我的心灵已经麻木了。

今天我又由于一个偶然的机会，来到了这一座我梦寐以求的春城。我重游了许多地方，重温了旧梦。自然风光之美和人情之美越使我高兴，我就越惘然若有所失，时时处处不禁悲从中来。那一个在我的记忆中同这一座春城总是联系在一起的人哪里去了呢？大街上，我看到熙熙攘攘的行人。这些人都是好人，都有愉快地自由地生存的权利，都有为祖国献身的权利，都有享受这一座春城的权利。然而我怀念的那一个人就没有这权利吗？在林林总总的人群中为什么独独竟少了那一个人呢？他同我岁数差不多，他是能够活下来的。他热爱新中国，热爱新中国的教育事业；他热爱生活，热爱这一座春城。他有一颗热忱的心，能够为祖国的教育事业贡献力量。他手里有一支生花的妙笔，他能够鼓吹升平，歌唱我们这一个太平盛世。他曾经高歌：

> 春光似海，
> 盛世如花。

他是多么热爱这似海的春光、如花的盛世啊！然而，这样一个人到哪里去了呢？我也是热爱这似海的春光、如花的盛世的，但我只觉得茫茫大地，独缺此人。我心灵里的空虚是无论如何也填补不起来的。我感到寂寞，感到凄凉；为了他，我将永远感到寂寞，感到凄凉。

我本来就是热爱这春城昆明的，现在又增加了一个促使我爱的因素。这里是广田生活过的地方，工作过的地方，他的遗骨又埋在这里。这就会使我的记忆的丝缕永远萦绕在一座美丽的春城周围。我将永远怀念广田，永远爱这座春城。

1979 年 3 月 2 日

回忆梁实秋先生

我认识梁实秋先生，同他来往，前后也不过两三年，时间是很短的。但是，他留给我的回忆却是很长很长的。分别之后，到现在已经四十年了。我仍然时常想到他。

1946年夏天，我在离开了祖国十一年之后，受尽了千辛万苦，又回到了祖国怀抱，到了南京。当时刚刚打败了日本侵略者，国民党的劫收大员正在全国满天飞，搜括金银财宝，兴高彩烈。我这一介书生，“无条无理”，手里没有几个钱，北京大学还没有开学，拿不到工资，住不起旅馆，只好借住在我小学同学李长之在国立编译馆的办公室内。他们白天办公，我就出去游荡，晚上回来，睡在办公桌上。早晨一起床，赶快离开。国立编译馆地处台城下面，我多半在台城上云游。什么鸡鸣寺、胭脂井，我几乎天天都到。再走远一点，出城就到了玄武湖。山光水色，风物怡人。但是我并没有多少闲情逸致，观赏风景。我的处境颇像旧戏中的秦琼，我心里琢磨的是怎样卖掉黄骠马。

我这样天天游荡，梦想有朝一日自己能安定下来，有一间房子，有一张书桌。别的奢望，一点没有。我在台城上面看到郁郁葱葱的古柳，心头不由地涌出了古人的诗：

江雨霏霏江草齐，
六朝如梦鸟空啼。
无情最是台城柳，
依旧烟笼十里堤。

这里讲的仅仅是六朝。从六朝到现在，又不知道有多少朝多少代过去了。古柳依然是葱茏繁茂，改朝换代并没有影响了它们的情绪。今天我站在古柳面前，一点也没有觉得它们“无情”，我觉得它们有情得很。我天天在六月的炎阳下奔波游荡，只有在台城古柳的浓荫下才能获得片刻的清凉，让我能够坐下来稍憩一会儿。我难道不该感激这些古柳而还说三道四吗？

又过了一些时候，有一天长之告诉我，梁实秋先生全家从重庆复员回到南京了。梁先生也在国立编译馆工作。我听了喜出望外。我不认识梁先生，论资排辈，他大我十几岁，应该算是我的老师。他的文章我在清华大学读书时就读过不少，很欣赏他的文才，对他潜怀崇敬之情。万万没有想到竟在南京能够见到他。见面之后，立刻对他的人品和谈吐十分倾倒。没有经过什么繁文缛节，我们成了朋友。我记得，他曾在一家大饭店里宴请过我。梁夫人和三个孩子：文茜、文蔷、文骐，都见到了。那天饭菜十分精美，交谈更是异常愉快，给我留下了深刻的印象，至今忆念难忘。我自谓尚非馋嘴之辈，可为什么独独对酒宴记得这样清楚呢？难道自己也属于饕餮大王之列吗？这真叫做没有法子。

解放前夕，实秋先生离开了北平，到了台湾，文茜和文骐留下没有走。在那极"左"的时代，有人把这一件事看得大得不得了。现在看来，也没有什么了不起的。一个人相信马克思主义，这当然很好，这说明他进步。一个人不相信，或者暂时不相信，他也完全有自由，这也决非反革命。我自己过去不是也不相信马克思主义吗？从来就没有哪一个人一生下就是马克思主义者，连马克思本人也不是，遑论他人。我们今天知人论事，要抱实事求是的态度。

至于说梁实秋同鲁迅有过一些争论，这是事实。是非曲直，暂作别论。我们今天反对对任何人搞"凡是"，对鲁迅也不例外。鲁迅是一个伟大人物，这谁也否认不掉。但不能说凡是鲁迅说的都是正确的。今天，事实已经证明，鲁迅也有一些话是不正确的，是形而上学的，是有偏见的。难道因为他对梁实秋有过批评意见，梁实秋这个人就应该永远打入十八层地狱吗？

实秋先生活到耄耋之年。他的学术文章，功在人民，海峡两岸，有目共睹，谁也不会有什么异辞。我想特别提出一点来说一说。他到了老年，同胡适先生一样，并没有留恋异国，而是回到台湾定居。这充分说明，他是热爱我们祖国大地的。至于他的为人毫无架子，像对我和李长之这样年轻一代的人，竟也平等对待，态度真诚和蔼，更令人难忘。这种作风，即使不是绝无仅有，也总算是难能可贵。对我们今天已经成为前辈的人，不是很有教育意义吗？

去年，他的女儿文茜和文蔷奉父命专门来看我。我非常感动，知道他还没有忘掉我。这勾引起我回忆往事。回忆虽然如云如烟，但是感情却是非常真实的。我原期望还能在大陆见他一面，不意他竟尔仙逝。我非常悲痛，想写点什么，终未果。去年，他的夫人从台湾来北京举行追思会。我正在南京开会，没能亲临参加，只能眼望台城，临风凭吊。我对他的回忆将永远保留在我的心中，直至我不能回忆为止。我的这一篇短文，他当然无法看到了。但是，我仿佛觉得，而且痴情希望，他能看到。四十年音问未通，这是仅有的一次也是最后一次通音问了。悲夫！

1988年3月26日

忆念郑毅生先生

一想到郑毅生（天挺）先生，立即展现我眼前的是他那满面春风的笑容。我确实不记得他曾有过疾言厉色的时候。

我同毅生先生不能算是很熟识，却又不能算是很不熟识。我于1946年来北大任教，那时候的北大确实是精兵简政。只有一个校长，是胡适之先生，并不聘什么副校长。胡先生大概有一半时间不在北京，当时还叫北平。他下面有一个教务长，总管全校的科研和教学。还有一个秘书长，总管全校的行政后勤。再就是六个学院的院长。全校的领导仅有九人。绝不像现在的校长一走廊，处长一礼堂，科长一操场这样伟大堂皇的场面。而学校的工作，至少从表面上看起来，依然如“源头活水”，并没有任何停滞的现象。

我进北大时的秘书长就是毅生先生。他是清史专家，蜚声士林。以后有一段时间，北大历史系的教授队伍齐全，水平较高。从古至今，每一个时代都有一位专家担任教授，按时代先后排列起来，有张政烺、翦伯赞、周一良、邓广铭、邵循正、郑天挺等，其中有几位是后来加入的。不管怎样，这个阵容之整齐，在当时，甚至以后，都是难能可贵的。

当时北大校部就设在沙滩孑民堂前面的小院子里。东屋不过十几平米，是校长办公室。同样大小的西屋是秘书长办公室，毅生先生就在这里坐镇。六大学院，上万名学生，几千个教员，吃、喝、拉、撒、睡，工作头绪是异常复杂的。虽然六院的院长分担了一部分工作，但剩下的工作也还是够多的。作为这样一个庞大机构的秘书长，其繁忙程度可以想见。我当时是东方语言文学系的系主任。虽然只有四个教员，十几个学生，在八九平米的系主任办公室里就能召开全系大会，但是，正如俗话所说的："麻雀虽小，五脏俱全。"有时也免不了同秘书长打打交道，这就是我认识毅生先生的客观条件。我每次去见他，他总是满面春风，笑容可掬。能办到的，立即办理，从来不推托扯皮。到现在已经过了半个多世纪了，毅生先生也已离开了我们，但是，他留给我的印象，依然宛在目前。只要我还能存在一日，这印象就永远不会泯灭。

按照学术界论资排辈的习惯，毅生先生长我一辈，是我的师辈。但是，对他专长的清史研究，我几乎是完全陌生的。他的文章，我读过几篇，也不甚了了，除了高山仰止之外，实不敢赞一词。院系调整后，留给了我两个疑问：一是，为什么让一个学有专长的学者担任繁忙的行政工作？二是，为什么把阵容整齐的北大历史系人为地搞得支离破碎？这些问题都不是我能回答的。我想，毅生先生也是回答不了的。他调往南开，又给我带来了点欣慰。南开和北大是兄弟学校，友谊极深。他可能把北大的学风带了一点过去，与南开的学风融合在一起，形成了一种崭新的学风。至于这种新学风是什么样子，愧我孤陋，实在说不明白了。

南开和北大的传统友谊将会永远存在下去，而且日益加深。毅生先生满面春风的笑容也会永远留在我的眼前，他会永远活在我的心中。

1999 年 10 月 19 日

我的朋友臧克家

我只是克家同志的最老的老朋友之一，我们的友谊已经有六十多年了。我们中国评论一个人总是说道德文章，把道德摆在前边，这是我们中华民族优秀文化的表现之一，跟西方不一样。那么我就根据这个标准，把过去六十多年中间克家给我的印象讲一讲。

第一个讲道德。克家曾在一首诗里说过，一个叫责任感，一个叫是非感，我觉得道德应该从这地方来谈谈。是非、责任，不是小是小非，而是大是大非。什么叫大是大非呢？大是大非就是关系到我们祖国，关系到我们人民，关系到世界，也就是要拥护社会主义、拥护共产主义，这是大是大非。我觉得责任也在这个地方，克家在过去七十多年中间，尽管我们国内的局势变化万千，可是克家始终没有落伍，能够跟得上我们时代的步伐，我觉得这是非常难得的。这就是大是大非，就是重大的责任。我觉得从这地方来看，克家是一个真正的人。至于个人，他给我的印象是一个像火一样热情的诗人，对朋友忠诚可靠，终生不渝，这也是非常难得的。关于道德，我就讲这么几句。

关于文章呢，这就讲外行话了。当年我在清华大学念书，就读到克家的《烙印》、《罪恶的黑手》。我不是搞中国文学的，但我有个感觉就是克家做诗受了闻一多先生的影响。我一直到今天，作为一个诗的外行来讲，我觉得做诗、写诗，既然叫诗，就应该有形式。那种没形式的诗，愧我不才，不敢苟同。克家一直重视诗，我觉得这里边有我们中国文化的传统。我们中国的语言有一个特点，就是讲炼字、炼句，这个问题，在欧洲也不能说没有，不过不能像中国这么普遍这样深刻。过去文学史上传来许多佳话，像“云破月来花弄影”那个“弄”字，“红杏枝头春意闹”那个“闹”字，“春风又绿江南岸”那个“绿”字。可惜的是炼字这种功夫现在好像一些年轻人不大注意了。文字是我们写作的工具。我们写诗、写文章必须知道我们使用的工具的特点。莎士比亚用英文写作，英文就是他的工具。歌德用德文写作，德文就是他的工具。我们使用汉字，汉字就是我们的工具。可现在有些作家，特别是诗人，忘记了他的工具是汉字。是汉字，就有炼字、炼句的问题，这一点不能不注意。克家呢，我觉得他一生在这方面倾注了很多的心血，而且获得了很大的成功。克家的诗我都看过，可是我不敢赞一词，我只想从艺术性来讲。我觉得克家对这方面非常重视。这个问题非常重要。我因此就想到一个问题，可这个问题太大了，但我还想讲一讲。我觉得我们过去多少年来研究中国文学史，特别是古典文学，好像我们对政治性重视，这个应该。可是对艺术性呢，我觉得重视得很不够。大家打开今天的文学史看看，讲政治性，讲得好像最初也不是那么深刻，一看见“人民”这样的词，类似“人民”这样的词，就如获至宝；对艺术性，则三言两语带过，我觉得这是很不妥当的。一篇作品，不管是诗歌还是小说，艺术性跟思想性总是辩证统一的，强调一方面，丢掉另外一方面是不全面的。因此我想到，是不是我们今天研究文学的，特别是研究古典文学的，应该在艺术性方面更重视一点。我甚至想建议：重写我们的文学史。现在流行的许多文学史都存在着我说的这个毛病。我觉得，真正的文学史不应该是这个样子。

我祝我的老朋友克家九十、一百、一百多、一百二十，他的目的是一百二十，所以我想祝他长寿！健康！

1994 年 10 月 18 日

寿作人

我收到了江苏文艺出版社张昌华先生的来信，里面讲到老友吴作人教授最近的情况。为了存真起见，我索性抄一段原信：

> 那日下午，我们应约到吴作人先生家，为他拍照。他已中风，较严重。萧先生说他对以前的事记得清楚，对目下的事过目皆忘。有一件事，当时我十分激动，想立即告诉您的。那日，为吴先生拍过照以后，请他签名。我们把签名册送到他手中，我一页页翻过。当见到您签的那页时，十分激动，用手指着您的签字直抖，双唇颤抖，眼睛含着泪花。他执笔非要签在您的名字旁，萧夫人怕他弄损了您的签字不好制版，请他在另一页上签，他固执不肯，样子十分生气。最后还是在另页上签了，但十分令人悲伤，也十分令人感动。悲伤的是一代

美术大师连自己的名字也签不起来了（想不出），尽管萧夫人再次提醒，他写不出自己的名字，倒写了一堆介乎美术线条的草字。杂乱，但十分清楚可辨的是您的“林”字。我想大概当时他完全沉浸在对您的美好回忆中。我可揣测，您们之间一定有着十分感人的友谊。而且，写着写着，他流了泪。他的签名始终没有完成。最后萧夫人用一张他病中精神状态好时签在一张二寸长纸条上的名字。我们为此十分激动、感动。

读了这一段信，我的心颤抖起来。难道还有人看了这样发自内心的真挚的行动而不受感动的吗？何况我又是一个当事人！我可万万没有想到，分别还不过一两年，老友作人兄竟病到这个样子。我也流了泪。

我为老友祝福，祝他早日康复！

回想起来，我同作人兄相交已经将近半个世纪了。解放前夕，不是在1947年，就是在1948年，当时我已到北京大学来工作，学校还在沙滩。我筹办了一个印度伟大诗人泰戈尔的画展，地点在孑民堂。因为大画家徐悲鸿先生曾在印度泰戈尔创立的国际大学呆过，而且给泰翁画了那一幅有名的像。所以我就求助于悲鸿先生。徐先生非常热心，借画给我，并亲自到北大来指导。偕同他来的有徐夫人廖静文女士，还有作人兄。

这是我同作人第一次见面，他留给我非常美好的印象。当时我们都还年轻。我只有三十六七岁，作人也不过这个年龄，都正是风华正茂的时候。关于他的大名，我却早已听说过了。我对绘画完全外行。据内行人说，中国人学习西洋的油画，大都是学而不像；真正像的，中国只有一人，这就是吴作人。这话有多大根据，我实在说不上来。但是作人却因此在我眼中成了传奇人物。当我同这一位传奇人物面对面站在一起的时候，我用好奇的眼光打量他，只见他身材颇为魁梧，威仪俨然，不像江南水乡人物。他沉默寡言，然而待人接物却是诚挚而淳朴。

从此以后，在无言中我们就成了朋友。

忘记了准确的时间，可能是在解放初期，我忽然对藏画发生了兴趣。我虽然初出茅庐，但野心颇大：不收齐白石以下的作品。我于是请作人代我买几张白石翁的作品。他立即以内行的身份问我："有人名的行不行？"当时收藏家有一种偏见，如果画上写着受赠者的名字，则不如没有写名的值钱。我觉得这个偏见十分可笑，立即答道："我不在乎。"作人认识白石翁，他买的画决不会是赝品。过了不久，他就通知我：画已经买到。我连忙赶到他在建国门内离开古观象台不远的老房子里去取画。大概有四五张之多，依稀记得付了约相当于以后人民币三十元的价钱。这几张画成了我藏画的起点。

此后不久，在1951年，作人和我同时奉派参加解放后第一个大型的出国代表团：中国文化代表团，赴印度和缅甸访问。代表团规模极大，团员文理兼备，大都是在某一方面有代表性的学者和艺术家，其中颇不乏非常知名的人物，比如郑振铎、冯友兰等等。我们从1951年春天开始筹备，到1952年1月24日完成任务回国，前后共有八九个月。我几乎天天都同作人在一起。我们曾在故宫里面一个大殿里布置了规模极大的出国图片展览，请周恩来总理亲临审查。我们团员每一个人几乎都参加工作，参加劳动，大家兴致很高。我同作人，年纪虽轻，都是从旧社会走过来的。当时我们看什么东西都是玫瑰色的，都是光辉灿烂的。我们都怀着一种只可意会，不可言传的，既兴奋，又愉快，既矫健，又闲逸的，飘飘然的感觉，天天仿佛在云端里过日子。

1951年9月20日，我们从北京乘火车出发，在广州停留了一段时间，然后到香港，乘轮船先到缅甸仰光，只停留了极短的时间，就乘飞机抵印度加尔各答，开始了对印度的正式访问。在印度呆了约六周，东西南北中的大城市以及佛教圣迹，无不遍访，一直到了亚洲大陆最南端的科摩林海角，在印度洋里游泳。最后又回到缅甸，进行正式访问。1952年1月10日乘船返抵香港。1月24日回到北京，完成了一个大循环。

那一种飘飘然的感觉，始终伴随着我。在海外的时候，更像是在云端里过日子了。

往事如云如烟。现在回忆起来，有的地方清晰，有的地方就比较模糊。我现在仿佛是面对着黄山的云海。我同作人兄在这长达八九个月中相处的回忆，就像云海中迷茫的白云，一片茫然；但是，在某一些地方，在一片迷茫中又露出了黑色的山头，黑白相对照，特别引人注目。

这样的山头，最突出的有两个：一在印度的科钦，一在缅甸的东枝。

说起科钦，真是大大地有名。这个地方，我们古书上称之为柯枝，是印度西海岸上的一个自古以来就著名的港口，在历史上就同中国有过来往。我国明代的大航海家郑和也曾到过这里。这一座港口城市很小很小，但到处留有中国的痕迹。房屋建筑的山墙，据印度主人说，是中国式的。连海里捕鱼的网也据说是来自中国。博物馆里陈列着大量的中国明代的青花瓷盘和瓷碗，闪耀着青白色的历史的光辉。中国人来到此处，处处引发思古之幽情，不是很自然的吗？

我们到了以后，城市很快就参观完毕。一天早晨，主人安排我们乘小轮游览海港。此时旭日初升，海波不兴。我们分乘几艘小轮，向大海驶去。“纵一苇之所如，凌万顷之茫然”，我们在海湾里兜开了圈子。遥想当年郑和率水师，不远万里，来到此处，为中印两国人民架起了一座友谊的金桥。千百年来，连绵未断。今天我们又来到此处。此时我们真是心潮澎湃，意气风发。我们一路上唱的一首当时风靡全国的歌又自然而然地涌出我们的喉咙：“五星红旗迎风飘扬，胜利歌声多么响亮！”那令人欢欣鼓舞的内容，回还往复的旋律，宛如眼前海中的波涛，一波未平，一波又起，连绵起伏，永无止境。眼前景色如此，我们仿佛前能见古人，后能想来者，天地毫不悠悠，生趣就在眼前。情与景会，歌声愈唱愈高，水天汪洋，大海茫茫，我们仿佛成了主沉浮的宇宙之主了。在唱的过程中，我注意到，作人唱的同我们有时有点区别，声音低沉。我好奇地问了他一声。他说这是二重唱的合音。我恍然又增添了一点见识。

我们都返老还童，飘飘然仿佛在云端里过日子。

缅甸的东枝，是一个同印度科钦迥异其趣的地方。此地既无大海，也无大山。但是林泉秀美，花木扶疏，大地上一片浓碧，现在向记忆里去搜寻东枝，竟无一点黄色的影子；唯一的例外是那些在万绿丛中闪着黄光的小星星，这是橘园中悬挂在枝头的橘柑，它吸引住了人们的目光。东枝最著名的地方当属茵莱湖。此湖不但名显缅甸，而且蜚声全球，因为它有一些非常特殊的地方。它是一个长达百里的狭长的淡水湖。湖中所有的岛都是“浮岛”，就是飘浮在湖面上能够活动的岛。岛是人工制造成的。人们在飘浮在水面上的苇丛上撒上土。过一段时间，苇丛受压下沉，上面又长出了新的芦苇，于是再在上面撒上土。如此，一而再，再而三，年深日久，面积越来越大，体积越来越沉，就形成了浮岛。在大的浮岛上可以修建木楼，木楼连接，成了水村。村中有工厂，有商店，当然也有住宅，村村相联，形成水城。居民往来，皆乘小船。此地划船姿势为世界他处所不见。舟子站在船头，用一只脚来划船，行驶颇速。居民很少登陆，死后抛尸水中。据说此地的居民是不吃鱼的，因为鱼是吃死尸长大的。

在这样童话王国般的环境里，我们参观任务不重，悠闲自在，遗世而独立，颇多聊天的机会。我和作人常常坐对橘园，信口闲聊，上天下地，海阔天空，没有主题，而兴趣盎然。

我们又飘飘然，仿佛在云端过日子。

回国以后，各有各的工作岗位，见面的机会就很少了。我曾多次讲到过，我有一个最大的缺点，就是不乐意拜访人。我由此而对我一些最尊的师友抱憾者屡屡矣。对于作人，我也蹈了这个覆辙。幸而在若干年前，我们同参加全国人大常委会，呆了五年。常委会的会是非常多的，每两月我们必能见面一次。可惜没能找出时间，像在印度和缅甸那样，晤对闲聊。在这期间，他曾亲临寒舍，带给我一册影印的他同夫人萧淑芳女士的画册。此情此谊，至今难忘。可我哪里会想到睽别时间不长，他竟中了风，艰于言行。但是，就是在这样艰难的情况下，我在他心中竟然还能有这样的地位，我内心的感情难道用“感动”二字就能表达的吗？

往事如云如烟，人生如光如电。但真挚的友谊是永存的。古今中外感人的友谊佳话多矣。而且我还相信，像中风这样的病，只要调理得法，是不难恢复健康的。

我为老友祝福，祝他早日康复。

我相信，他的康复指日可待。

1992年6月10日

郑午楼博士

一个出身商业世家，自强不息终于成大功的人；一个既有经济头脑，又有文化意识的人；一个自学成家，博闻强记的人；一个既通东方语言，又通西方语言的人；一个既工汉字书法，又能鉴赏中国古代绘画的人；一个既能弘扬泰华文化，又能弘扬炎黄文化的人；一个架设了中泰人民友谊金桥的人；一个把爱国主义与国际主义紧密结合起来的人；一个悲天悯人，广行善事，广结善缘的人；一个待人接物处处有古风的人；一个年届耄耋而又精力充沛超过年轻人的人。总之，一个看似平凡实则不平凡的人。

如此众多的不同的甚至有些矛盾的气质集中在一个人身上，世界上能有这样传奇性的人物吗?

答曰：有！他就是泰国华裔侨领大企业家和教育家郑午楼博士。

中国俗话说“闻名不如见面”，又说“百闻不如一见”。在结识郑午楼博士的过程中，我又一次体会到这些俗语的正确性。最近若干年以来，我常常听到郑午楼博士的大名。我对泰国情况不甚了了。但因为同自己所从事的工作毕竟是有联系的，所以也想多了解一些。近四五十年以来，我曾结识过一些泰国朋友，比如著名作家奈古腊，北大教员西堤差先生和夫人，在华的专家素察先生，还有北大东语系一些泰籍华人：范荷芳女士、侯志勇先生、郑先明先生等等。从他们那里我对泰国的了解深入了一点。但是我一直没有机会，直接到泰国去了解泰国，直接通过个人接触去了解郑午楼博士。

今年三月，机会终于到了。我们应郑午楼先生个人的邀请，来到了曼谷，参加由他创办的华侨崇圣大学的开学典礼。我们头一天晚上飞抵曼谷，第二天晚上，午楼先生就在他那豪华的私邸中设盛宴，欢迎中国大陆、香港、台湾和美国参加庆典的客人：中山大学校长曾汉民教授和蔡鸿生教授，汕头大学校长林维明教授，香港中文大学校长高锟教授，香港大学前校长黄丽松教授，香港学界泰斗饶宗颐教授，台湾郎静山老先生，美国加州大学伯克立分校校长田长霖教授，一时众星灿烂，八方风雨会曼谷。我同李铮和荣新江算是北京大学的代表，躬与胜会。我可真是万万没有想到，郑午楼博士同我一见面，就握着我的手说：

“你的著作我读过的。”

“？？？”

我颇有点惊讶：我们相隔万水千山，而且又不是一个行当，他怎么会读我的所谓著作呢？是不是仅仅出于客气呢？在以后的交往中，我慢慢地体会到：他说的不是客气话，而是实话。几天以后，我在国际贸易中心发表所谓演讲时，午楼先生竟也在千头万绪十分忙碌的情况下拨冗亲自去听。这充分说明，他对我那一套对东西方文化的看法还是有兴趣的。

在这一天晚上，在入座就餐之前，郑午楼先生亲自陪我们，实际上是带领我们参观他的住宅和艺术收藏品。他女儿站在大厅的入口处，欢迎佳宾。这里的房间非常多，虽然不一定比得上秦始皇的阿房宫；然而厅室交错，大小相间，雍容华贵，巍然灿然，令人叹为观止。不知由于什么原因，我仿佛成了贵宾中的首席。他带领我们参观，总把我推到前面。我们跟着他看了大大小小的很多房间，把他收藏的艺术品一一介绍给我们。他似乎是着意介绍自己收藏的中国绘画和书法，这些珍品都装裱精致，整整齐齐地挂在墙上。我记得其中有明代大画家唐伯虎和仇十洲的画，都是精品。记得还有张大千的画和于右任的字。他介绍这些精品时，从面部表情和整个神情来看，他对这些东西怀有无限深邃恳挚的感情，也可以说是他对整个中国文化怀有深邃恳挚的感情，更可以说是他对他降生的那一块国土怀有深邃恳挚的感情。事情难道不就是这个样子吗？

谈到午楼先生收藏的书法精品，必须强调谈一点：他本人就是一个有精湛技艺造诣很高的书法家。这一点是我最初无论如何也没有想到的。汉字书法艺术是中华民族中汉族独有的艺术，世界民族之林中的任何民族都是无法攀比的。山有根，水有源，树有本，汉字本身就是汉字书法艺术之根，之源，之本。没有汉字，就不会有汉字书法艺术。但是，稍微懂行的人都能知道，这个艺术并不容易。它已经有了二千多年的历史。从李斯写小篆开始，一路发展下来，而隶书，而楷草，而行书，而草书。“江山代有才人出，各领风骚数百年”，代代都出了一些书法大家。表面上看起来，变化极大，然而夷窥其实，则能发现，在大变中实有不变者在。也可以说是“万变不离其宗”，这个不变者，这个宗就是必须有基本功。抛开篆书和隶书不谈，专就楷书、行书、草书而言，基本功就是楷书，必须先练好横平竖直、点画分明的基本功，才能在这个基础上发展。譬如盖楼，必须先盖第一层，然后再在这上面盖第二层、第三层，以至更多的层。佛经上有一个寓言故事，说盖楼从第二层向上盖起。寓意是说，这是根本不可能的。可我们当今一些书法家，在没有基本功的基础上大肆创作，结果——至少在我眼中，成了鬼画符。这些书法家正是佛经寓言中所讽刺的那些想从第二层起盖楼的人。午楼先生的书法不是这个样子。他写的是楷书，是无法以荒诞文浅陋的楷书，是一切掩饰和做作都毫无用武之地的楷书。而且据我个人的观察，从我的欣赏水平所能达到的境界来观察，午楼先生的楷书取径很高，他所取的不是元代赵孟頫和明代董其昌的规范，而是唐代上承王氏父子中经“九成宫”，再济之以柳公权的规范。敦煌藏经洞中贮藏的唐代写经中最高水平的写经，都具备这样的书风。我看，如果把午楼先生写的小楷置诸敦煌等经中，几可乱真。俊秀而不媚俗，挺拔而不粗犷，这就是午楼先生楷书的特点。他之所以能达到这个水平，想来并非一朝一夕之功。他在带领我们参观时，他从一个箱子里拿出了一些他练书法时的成品。足见他是“十年磨一剑”，决非是轻而易举地成功的。他在天赋的基础上加以勤苦磨练，方能达到这个地步。

午楼先生的勤苦磨练，不但表现在书法上，其他方面也能表现出来。他又从箱子里翻出来了几本练习簿，很像今天中国小学生使用的那一种。里面每一页上都有印好的横格，上面整整齐齐地写着泰文字母和单词儿、短句。在另外一些本子里整整齐齐地写着英文字母和单词儿、短句。可见他今天能够掌握本来不是他的母语的泰文，能够掌握世界通行语言的英文，也并非是轻而易举的，也是经过了艰苦的磨练才达到目的的。

在那一天晚上，在宴会前，郑午楼博士，满怀对远方友人的欢迎的热情，兴致勃勃，带领着我们参观了他的收藏品。我对这一位传奇式的人物开始有了点感性认识。我深深地感觉到，他的成功，正如别人的成功那样，决不是偶然的。现在人们常常讲，一个人的成功取决于三个条件：禀赋或天资、努力和机遇。三者缺一不可。很多人认为，我也同样认为，三者中最重要的是努力。只要勤奋努力，锲而不舍，则一方面能弥补禀赋之不足，另一方面又能招来机遇。午楼先生就是一个具体的例子。从他的学习书法、学习外语来看（泰语对他来说已经不能算是外语），他的勤奋努力是非常能感动人的。中国古话说：“书山有路勤为径，学海无涯苦作舟。”这两句话在午楼先生身上得到了充分的证明。

过了几天，午楼先生又邀请我们这一群外宾也是内宾到他城外的高尔夫别墅里去游览参观。我还没有从对曼谷的迷茫中解脱出来，我仍然是不辨东西南北，也无法体会这一座别墅究竟在曼谷的什么地方。但是印象却是非常清楚的。这里同前几天晚上见到的摩天高楼迥乎不同。虽然没有什么平畴烟树，却也颇多野趣。房子以平房为主，庭院极为宽敞。有的房子好像是还没有装修完毕。我们走到了一处用画廊同主房联接起来的亭子似的房间，脱鞋进屋，地板光洁如镜，里面还没有摆上多少桌椅之类的东西。午楼先生对我说：“下次再来曼谷时，就请你住在这里。”我连声道谢，但心里却琢磨：这不过是一时心血来潮，即兴而说的客气话。可是过了几天之后，在他为我们饯别的晚宴上，他又说了同样的话。可见他是胸有成竹的，决不是一时随便说说的。我在真正感激之余，觉得此事实在是渺如云烟，“更隔蓬山千万重”了。

在所有的这些活动中，午楼先生总是腰板挺直，神采奕奕，行动敏捷，健步如飞。不但不像一个年届耄耋的老人，而且连那几位同他在一起工作的中年人都自愧弗如。他们告诉我说，每次跟董事长检查工作，总是被他拖得满身大汗。我想到中国诗文中讲一个人的行动敏捷时说：“瞻之在前，忽焉在后。”我再加上两句：来似雨飘，去似风骤。移赠午楼先生，我觉得是颇为适合的。

几个从大陆去的中年朋友，对我谈到午楼先生时，总称他为“董事长”或者“午楼博士”。亲切之情溢于言表。可以想见，他们对午楼先生是尊敬的，是爱戴的。也可以想见，午楼先生对他们没有架子，严格要求，亲切爱护，不以自己是领导凌人，不以自己是老人凌人，不以自己是名人凌人，不以自己是亿万富翁凌人。否则，这种尊敬爱戴之感从何而来呢？我们从大陆去的人也有亲身的体验。有一天在崇圣大学里一个什么典礼之后，很多客人和成群的中小学生聚集在餐厅里吃饭。因为人太多，实际上已无法摆开桌椅正襟危坐。大家都随随便便在人声噪杂中找到一把椅子坐下，把每人分得一盒饭打开来吃。不知什么时候，午楼先生也手拿一盒饭，边吃边走了过来，同我们坐在一起，大嚼起来，一不矜持，二不做作，纯任自然，兴致颇高。我们中间的一位低声说：“真没有想到，他也会同我们一起这样随随便便地吃饭！”这是小事一桩，难道不能小中见大吗？

在以后几天的参观中，我们到过很多地方：华侨报德善堂、世界贸易中心、潮州会馆、郑氏大宗祠、华侨医院、京华银行等等。这些机构都与午楼先生有联系，有的就是他鼎力创建的。在曼谷以外，听说还有不少的工厂、公司和其他机构，也都是午楼先生创办的。由此可见他的经营能力之强，组织领导艺术之高，精力之富，对事业进取之锐。现在他又倡导创办了华侨崇圣大学，他的事业可以说是达到了一个新的高峰。在以上这些机构中，有一些是广行善事，赈灾济贫；有一些则是弘扬泰华文化。在这些方面，他都取得了辉煌的成绩。他真正做到了精神与物质并重，经营与倡导比翼。这些都对我们有启发意义。1991 年，午楼先生亲率赈灾团，不远千里，来到中国，救济中国受了水灾的灾民。可见他没有忘记中国这一个根。从他眼前的健康情况来看，他仿佛仍在如日中天，看来无论是在事业方面，还是在寿命方面，距离划句号还有很长一段路。这一点恐怕大家都能同意而又高兴的。

我在曼谷只呆了十天，同午楼先生见面虽不算少，但毕竟时间还是太短太短了，我对他的认识不可能不是肤浅的。不过有一点我是坚决有自信的：在午楼先生身上许多貌似矛盾的气质或特点得到了和谐的统一，他身上有许多闪光的东西，很值得我们学习。我离开泰国已经一个多月了，泰国许多朋友的音容，午楼先生的音容，仍然历历如在目前，如在耳边。遥望南天，云海渺漠，我祝他事业兴旺，福寿康宁。

1994 年 5 月 13 日

我眼中的张中行

接到韩小蕙小姐的约稿信，命我说说张中行先生与沙滩北大红楼。这个题目出得正是时候。好久以来，我就想写点有关中行先生的文章了。只是因循未果。小蕙好像未卜先知，下了这一阵及时雨，滋润了我的心，我心花怒放，灵感在我心中躁动。我又焉得不感恩图报，欣然接受呢?

中行先生是高人、逸人、至人、超人。淡泊宁静，不慕荣利，淳朴无华，待人以诚。以八十七岁的高龄，每周还到工作单位去上几天班。难怪英文《中国日报》发表了一篇长文，颂赞中行先生。通过英文这个实为世界语的媒介，他已扬名寰宇了。我认为，他代表了中国知识分子，特别是老年知识分子的风貌，为我们扬了眉，吐了气。我们知识分子都应该感谢他。

但是，现在回想起来，却不能不承认这是一件怪事：我与中行先生同居北京大学朗润园二三十年，直到他离开这里迁入新居以前的几年，我们才认识，这个“认识”指的是见面认识，他的文章我早就认识了。有很长一段时间，亡友蔡超尘先生时不时地到燕园来看我。我们是济南高中同学，很谈得来。每次我留他吃饭，他总说，到一位朋友家去吃，他就住在附近。现在推测起来，这“一位朋友”恐怕就是中行先生，他们俩是同事。愧我钝根，未能早慧。不然的话，我早个十年八年认识了中行先生，不是能更早得一些多得一些潜移默化的享受，早得一些多得一些智慧，撬开我的愚钝吗？佛家讲因缘，因缘这东西是任何人任何事物都无法抗御的。我没有什么话好说。

但是，也是由于因缘和合，不知道是怎样一来，我认识了中行先生。早晨起来，在门前湖边散步时，有时会碰上他。我们俩有时候只是抱拳一揖，算是打招呼，这是“土法”。还有“土法”是“见了兄弟媳妇叫嫂子，无话说三声”，说一声：“吃饭了吗？”这就等于舶来品“早安”。我常想中国礼仪之邦，竟然缺少几句见面问安的话，像西洋的“早安”、“午安”、“晚安”等等。我们好像挨饿挨了一千年，见面问候，先问：“吃了没有？”我同中行先生还没有饥饿到这个程度，所以不关心对方是否吃了饭，只是抱拳一揖，然后各行其路。

有时候，我们站下来谈一谈。我们不说：“今天天气，哈，哈，哈！”我们谈一点学术界的情况，谈一谈读了什么有趣的书。有一次，我把他请进我的书房，送了他一本《陈寅恪诗集》。不意他竟然说我题写的书名字写得好。我是颇有自知之明的，我的“书法”是无法见人的。只在迫不得已时，才泡开毛笔，一阵涂鸦。现在受到了他的赞誉，不禁脸红。他有时也敲门，把自己的著作亲手递给我。这是我最高兴的时候。有一次，好像就是去年春夏之交，我们早晨散步，走到一起了，就站在小土山下，荷塘边上，谈了相当长的时间。此时，垂柳浓绿，微风乍起，鸟语花香，四周寂静。谈话的内容已经记不清楚。但是此情此景，时时如在眼前，亦人生一乐也。可惜在大约半年以前，他乔迁新居。对他来说，也许是件喜事。但是，对我来说，却是无限惆怅。朗润园辉煌如故，青松翠柳，“依然烟笼一里堤”。北大文星依然荟萃，我却觉得人去园空。每天早晨，独缺一个耄耋而却健壮的老人，荷塘为之减色，碧草为之憔悴。“此情可待成追忆，只是当时已惘然”。

中行先生是“老北大”。同他比起来，我虽在燕园已经呆了将近半个世纪，却仍然只能算是“新北大”。他在沙滩吃过饭，在红楼念过书。我也在沙滩吃过饭，却是在红楼教过书。一“念”一“教”，一字之差，时间却相差了二十年，于是“新”“老”判然分明了。即使是“新北大”吧，我在红楼和沙滩毕竟吃住过六年之久，到了今天，又哪能不回忆呢?

中行先生在文章中，曾讲过当年北大的入学考试。因为我自己是考过北大的，所以备感亲切。1930 年，当时山东唯一的一个高中——省立济南高中毕业生八十余人，来北平赶考。我们的水平不是很高。有人报了七八个大学，最后，几乎都名落孙山。到了穷途末日，朝阳大学，大概为了收报名费和学费吧，又招考了一次，一网打尽，都录取了。我当时尚缺自知之明，颇有点傲气，只报了北大和清华两校，居然都考取了。我正做着留洋镀金的梦，觉得清华圆梦的可能性大，所以就进了清华。清华入学考试没有什么特异之处，北大则给我留下了难忘的印象。先说国文题就非常奇特："何谓科学方法？试分析详论之。"这哪里像是一般的国文试题呢？英文更加奇特，除了一般的作文和语法方面的试题以外，还另加一段汉译英，据说年年如此。那一年的汉文是："别来春半，触目愁肠断。砌下落梅如雪乱，拂了一身还满。"这也是一个很难啃的核桃。最后，出所有考生的意料，在公布的考试科目以外，又奉赠了一盘小菜，搞了一次突然袭击：加试英文听写。我们在山东济南高中时，从来没有搞过这玩意儿。这当头一棒，把我们都打蒙了。我因为英文基础比较牢固，应付过去了。可怜我那些同考的举子，恐怕没有几人听懂的。结果在山东来的举子中，只有三人榜上有名。我侥幸是其中之一。

至于沙滩的吃和住，当我在1946年深秋回到北平来的时候，斗转星移，时异事迁，相隔二十年，早已无复中行先生文中讲的情况了。他讲到的那几个饭铺早已不在。红楼对面有一个小饭铺，极为窄狭，只有四五张桌子。然而老板手艺极高，待客又特别和气。好多北大的教员都到那里去吃饭，我也成了座上常客。马神庙则有两个极小但却著名的饭铺，一个叫"菜根香"，只有一味主菜：清炖鸡。然而却是宾客盈门，川流不息，其中颇有些知名人物。我在那里就见到过马连良、杜近芳等著名京剧艺术家。路南有一个四川饭铺，门面更小，然而名声更大，我曾看到过外交官的汽车停在门口。顺便说一句：那时北平汽车是极为稀见的，北大只有胡适校长一辆。这两个饭铺，对我来说是“山川信美非吾土”，价钱较贵。当时通货膨胀骇人听闻，纸币上每天加一个“0”，也还不够。我吃不起，只是偶尔去一次而已。我有时竟坐在红楼前马路旁的长条板凳上，同“引车卖浆者流”挤在一起，一碗豆腐脑，两个火烧，既廉且美，舒畅难言。当时有所谓“教授架子”这个名词，存在决定意识，在抗日战争前的黄金时期，大学教授社会地位高，工资又极为优厚，于是满腹经纶外化而为“架子”。到了我当教授的时候，已经今非昔比，工资一天毛似一天，虽欲摆“架子”，焉可得哉？而我又是天生的“土包子”，虽留洋十余年，而“土”性难改。于是以大学教授之“尊”而竟在光天化日之下，端坐在街头饭摊的长板凳上却又怡然自得，旁人谓之斯文扫地，我则称之源于天性。是是非非，由别人去钻研讨论吧。

中行先生至今虽已到了望九之年，他上班的地方仍距红楼沙滩不远，可谓与之终生有缘了。因此，在他的生花妙笔下，其实并不怎样美妙的红楼沙滩，却仿佛活了起来，有了形貌，有了感情，能说话，会微笑。中行先生怀着浓烈的“思古之幽情”，信笔写来，娓娓动听。他笔下那一些当年学术界的风云人物，虽墓木久拱，却又起死回生，出入红楼，形象历历如在眼前。我也住沙滩红楼颇久。一旦读到中行先生妙文，也引起了我的“思古之幽情”。我的拙文，不敢望中行先生项背，但倘能借他的光，有人读上一读，则于愿足矣。

中行先生的文章，我不敢说全部读过，但是读的确也不少。这几篇谈红楼沙滩的文章，信笔写来，舒卷自如，宛如行云流水，毫无斧凿痕迹，而情趣盎然，间有幽默，令人会心一笑。读这样的文章，简直是一种享受。他文中谈到的老北大的几种传统，我基本上都是同意的。特别是其中的容忍，更合吾意。蔡孑民先生的“兼容并包”，到了今天，有人颇有微词。夷考其实，中外历史都证明了，哪一个国家能兼容并包，哪一个时代能兼容并包，那里和那时文化学术就昌盛，经济就发展。反之，如闭关锁国，独断专行，则文化就僵化，经济就衰颓。历史事实和教训是无法抗御的。文中讲到外面的人可以随时随意来校旁听，这是传播文化的最好的办法。可惜到了今天，北大之门固若金汤。门外的人如想来旁听，必须得到许多批准，可能还要交点束脩。对某些人来说，北大宛若蓬莱三山，可望而不可即了。对北大，对我们社会，这样做究竟是一件好事，还是一件坏事，请读者诸君自己来下结论吧！我不敢越俎代庖了。

中行先生的文章是极富有特色的。他行文节奏短促，思想跳跃迅速；气韵生动，天趣盎然；文从字顺，但决不板滞，有时宛如大珠小珠落玉盘，仿佛能听到节奏的声音。中行先生学富五车，腹笥丰盈。他负暄闲坐，冷眼静观大千世界的众生相，谈禅论佛，评儒论道，信手拈来，皆成文章。这个境界对别人来说是颇难达到的。我常常想，在现代作家中，人们读他们的文章，只须读上几段而能认出作者是谁的人，极为稀见。在我眼中，也不过几个人。鲁迅是一个，沈从文是一个，中行先生也是其中之一。

在许多评论家眼中，中行先生的作品被列入“学者散文”中。这个名称妥当与否，姑置不论。光说“学者”，就有多种多样。用最简单的分法，可以分为“真”“伪”两类。现在商品有假冒伪劣，学界我看也差不多。确有真学者，这种人往往是默默耕耘，晦迹韬光，与世无忤，不事张扬。但他们并不效法中国古代的禅宗，主张“不立文字”，他们也写文章。顺便说上一句，主张“不立文字”的禅宗，后来也大立而特立。可见不管你怎样说，文字还是非立不行的。中行先生也写文章，他属于真学者这一个范畴。与之对立的当然就是伪学者。这种人会抢镜头，爱讲排场，不管耕耘，专事张扬。他们当然会写文章的，可惜他们的文章晦涩难懂，不知所云。有的则塞满了后现代主义的词语，同样是不知所云。我看，实际上都是以艰深文浅陋，以“摩登”文浅陋。称这样的学者为“伪学者”，恐怕是不算过分的吧。他们的文章我不敢读，不愿读，读也读不懂。

读者可千万不要推断，我一概反对“学者散文”。对于散文，我有自己的偏见：散文应以抒情叙事为正宗。我既然自称“偏见”，可见我不想强加于人。学者散文，古已有之。即以传世数百年的《古文观止》而论，其中选有不少可以归入“学者散文”这一类的文章。最古的不必说了，专以唐宋而论，唐代韩愈的《原道》、《师说》、《进学解》等篇都是“学者散文”，柳宗元的《桐叶封弟辨》也可以归入此类。宋代苏轼的《范增论》、《留侯论》、《贾谊论》、《晁错论》等等，都是上乘的“学者散文”。我认为，上面所举的这些篇“学者散文”，有一个共同的特点，就是文采斐然，换句话说，也就是艺术性强。我又有一个偏见：凡没有艺术性的文章，不能算是文学作品。

拿这个标准来衡量中行先生的文章，称之为“学者散文”，它是决不含糊的，它是完全够格的。它融会思想性与艺术性，融会到天衣无缝的水平。在当今“学者散文”中堪称独树一帜，可为我们的文坛和学坛增光添彩。

1995 年 8 月

我的女房东

我在上面已经多次谈到我的女房东欧朴尔太太。

我在这里还要再集中来谈。

我不能不谈她。

我们共同生活了整整十年，共过安乐，也共过患难。在这漫长的时间内，她为我操了不知多少心，她确实像自己的母亲一样。回忆起她来，就像回忆一个甜美的梦。

她是一个平平常常的德国妇女。我初到的时候，她大概已有五十岁了，比我大二十五六岁。她没有多少惹人注意的特点，相貌平平常常，衣着平平常常，谈吐平平常常，爱好平平常常，总之是一个非常平常的人。

然而，同她相处的时间越久，便越觉得她在平常中有不平常的地方：她老实，她诚恳，她善良，她和蔼，她不会吹嘘，她不会撒谎。她也有一些小小的偏见与固执，但这些也都是平平常常的，没有什么越轨的地方；这只能增加她的人情味，而决不能相反。同她相处，不必费心机，设提防，一切都自自然然，使人如处和暖的春风中。

她的生活是十分单调的、平凡的。她的天地实际上就只有她的家庭。中国有一句话说：妇女围着锅台转。德国没有什么锅台，只有煤气灶或电气灶。我的女房东也就是围着这样的灶转。每天一起床，先做早点，给她丈夫一份，给我一份。然后就是无尽无休地擦地板，擦楼道，擦大门外面马路旁边的人行道。地板和楼道天天打蜡，打磨得油光锃亮。楼门外的人行道，不光是扫，而且是用肥皂水洗。人坐在地上，决不会沾上半点尘土。德国人爱清洁，闻名全球。德文里面有一个词儿Putzteufel，指打扫房间的洁癖，或有这样洁癖的女人。Teufel的意思是“魔鬼”，Putz的意思是“打扫”。别的语言中好像没有完全相当的字。我看，我的女房东，同许多德国妇女一样，就是一个不折不扣“清扫魔鬼”。

我在生活方面所有的需要，她一手包下来了。德国人生活习惯同中国人不同。早晨起床后，吃早点，然后去上班；十一点左右，吃自己带去的一片黄油夹香肠或奶酪的面包；下午一点左右吃午饭。这是一天的主餐，吃的都是热汤热菜，主食是土豆。下午四点左右，喝一次茶，吃点饼干之类的东西。晚上七时左右吃晚饭，泡一壶茶或者咖啡，吃凉面包、香肠、火腿、干奶酪等等。我是一个年轻的穷学生，一无时间，二无钱来摆这个谱儿。我还是中国老习惯，一日三餐。早点在家里吃，一壶茶，两片面包。午饭在外面馆子里或学生食堂里吃，都是热东西。晚上回家，女房东把她们中午吃的热餐给我留下一份。因此，我的晚餐也都是热汤热菜，同德国人不一样，这基本上是中国办法。这都是女房东在了解了中国人的吃饭习惯之后精心安排的。我每天在研究所里工作了一整天之后，回到家来，能够吃上一顿热乎乎的晚饭，心里当然是美滋滋的。对女房东这番情意，我是由衷地感激的。

晚饭以后，我就在家里工作。到了晚上十点左右，女房东进屋来，把我的被子铺好，把被罩拿下来，放到沙发上。这工作其实是非常简单的，我自己尽可以做。但是，女房东却非做不可，当年她儿子住这一间屋子时，她就是天天这样做的。铺好床以后，她就站在那里，同我闲聊。她把一天的经历，原原本本，详详细细，都向我“汇报”。她见了什么人，买了什么东西，碰到了什么事情，到过什么地方，一一细说，有时还绘声绘形，说得眉飞色舞。我无话可答，只能洗耳恭听。她的一些婆婆妈妈的事情，我并不感兴趣。但是，我初到德国时，听说德语的能力都不强。每天晚上上半小时的“听力课”，对我大有帮助。我的女房东实际上成了我的不收费的义务教员。这一点我从来没有对她说，她也永远不会懂的。“汇报”完了以后，照例说一句：“夜安！祝你愉快地安眠！”我也说同样的话，然后她退出，回到自己的房间里。我把皮鞋放在门外，明天早晨，她把鞋擦亮。我这一天的活动就算结束了，上床睡觉。

其余许多杂活，比如说洗衣服、洗床单、准备洗澡水，等等，无不由女房东去干。德国被子是鸭绒的，鸭绒没有被固定起来，在被套里面享有绝对的自由活动的权利。我初到德国时，很不习惯，睡下以后，在梦中翻两次身，鸭绒就都活动到被套的一边去，这里绒毛堆积如山，而另一边则只剩下两层薄布，当然就不能御寒，我往往被冻醒。我向女房东一讲，她笑得眼睛里直流泪。她于是细心教我使用鸭绒被的方法。我就像一个小孩子一样，在她的照顾下愉快地生活。

她的家庭看来是非常和睦的，丈夫忠厚老实，一个独生子不在家，老夫妇俩对儿子爱如掌上明珠。我记得，有一段时间，老头月月购买哥廷根的面包和香肠，打起包裹，送到邮局，寄给在达姆施塔特（Darmstadt）高工念书的儿子。老头腿有点毛病，走路一瘸一拐，很不灵便；虽然拿着手杖，仍然非常吃力。可他不辞辛劳，月月如此。后来老夫妇俩出去度假，顺便去看儿子。到儿子的住处大学生宿舍里去，一瞥间，他们看到老头千辛万苦寄来的面包和香肠，却发了霉，干瘪瘪地躺在桌子下面。老头怎样想，不得而知。老太太回家后，在晚上向我“汇报”时，絮絮叨叨地讲到这件事，说她大为吃惊。但是，奇怪的是，老头还是照样拖着两条沉重的腿，把面包和香肠寄走。我不禁想到，“可怜天下父母心”，古今中外之所同。然而儿女对待父母的态度，东西方却不大相同了。章太太的男房东可以为证。我并不提倡愚忠愚孝。但是，即使把父母与子女之间的关系，化为一般人与人之间的关系，像房东儿子的做法不也是有点过分了吗？

女房东心里也是有不平的。

儿子结了婚，住在外城，生了一个小孙女。有一次，全家回家来探望父母。儿媳长得非常漂亮，衣着也十分摩登。但是，女房东对她好像并不热情，对小孙女也并不宠爱。儿媳是年轻人，对好多事情有点马大哈，从中也可以看出德国两代人之间的"代沟"。有一天，儿媳使用手纸过多，把马桶给堵塞了。老太太非常不满意，拉着我到卫生间指给我看。脸上露出了许多怪物相，有忿怒，有轻蔑，有不满，有憎怨。此事她当然不能对儿子讲，连丈夫大概也没有敢讲，茫茫宇宙间她只有对我一个人诉说不平了。

女房东也是有偏见的。

关于戴帽子的偏见，我在上面已经谈过了，这里不再重复。她的偏见不只限于这一点，而且最突出的也不是这一件事。最突出的是宗教偏见。她自己信奉的是耶稣教，对天主教怀有莫名其妙的刻骨的仇恨。世界各地区各民族都毫无例外地有宗教偏见。这种偏见比任何其他偏见都更偏见。欧洲耶稣基督教新旧两派之间的偏见，也是异常突出的。我的女房东没有很高的文化，她的偏见也因而更固执。但她偏偏碰到一个天主教的好人。女房东每个月要雇人洗一次衣服、床单等等，承担这项工作的是一个天主教的老处女，年纪比女房东还要大，总有六十多岁了。她没有财产，没有职业，就靠帮人洗衣服为生。人非常老实，一天说不了几句话。却是一个十分虔诚的信徒，每月的收入，除了维持极其简朴的生活以外，全都交给教堂。她大概希望百年之后能够在虚无缥缈的天堂里占一个角落吧。女房东经常对我说："特雷莎（Therese）忠诚得像黄金一样。"特雷莎是她的名字。但是，忠诚归忠诚，一提到宗教，女房东就忿忿不平，晚上向我"汇报"时，对她也时有微词，具体的例子却从来没有听说过。

我的女房东就是这样一个有不平，有偏见，有自己的与宇宙大局、世界大局和国家大局无关的小忧愁小烦恼，有这样那样的特点的平平常常的人；但却是一个心地善良、厚道、不会玩弄任何花招的平常人。

她的一生也是颇为坎坷的，走的并非都是阳关大道。据她自己说，第一次世界大战前，德国人家里普遍都有金子，她家里也一样。大战一结束，德国发了疯似的通货膨胀，把她的一点点黄金都膨胀光了，成了无金阶级。到了第二次世界大战，她只是靠工资过日子。她对政治不感兴趣，她从来不赞扬希特勒，当然更不懂去反对他。由于种族偏见，犹太人她是反对的，但也说不上是"积极分子"，只是随大流而已。她在乡下没有关系户，食品同我一样短缺。在大战中间，她丈夫饿得从一个大胖子变成一个瘦子，终于离开了人世。老两口一生和睦相处，我从来没有听到他们俩拌过嘴，吵过架。老头一死，只剩下她孤零一人。儿子极少回来，屋子里空荡荡的。她心里是什么滋味，我不知道。从表面上来看，她只能同我这一个异邦的青年相依为命了。

战争到了接近尾声的时候，日子越来越难过。不但食品短缺，连燃料也无法弄到。哥廷根市政府俯顺民情，决定让居民到山上去砍伐树木。在这里也可以看到德国人办事之细致、之有条不紊、之遵守法纪。政府工作人员在茫茫的林海中划出了一个可以砍伐的地区，把区内的树逐一检查，可以砍伐者画上红圈。砍伐没有红圈的树，要受到处罚。女房东家里没有劳动力，我当然当仁不让，陪她上山，砍了一天树，运下山来，运到一个木匠家里，用机器截成短段，然后运回家来，贮存在地下室里，供取暖之用。由于那一个木匠态度非常坏，我看不下去，同他吵了一架。他过后到我家来，表示歉意。我觉得，这不过是小事一端，一笑置之而已。

我的女房东是一个平常人，当然不能免俗。当年德国社会中非常重视学衔，说话必须称呼对方的头衔。对方是教授，必须呼之为“教授先生”；对方是博士，必须呼之为“博士先生”。不这样，就显得有点不礼貌。女房东当然不会是例外。我通过了博士口试以后，当天晚上“汇报”时，她突然笑着问我：“我从今以后是不是要叫你‘博士先生’？”我真是大吃一惊，是我万万没有想到的。我连忙说：“完全没有必要！”她也不再坚持，仍然照旧叫我“季先生！”我称她为“欧朴尔太太！”相安无事。

一想到我的母亲般的女房东，我就回忆联翩。在漫长的十年中，我们晨夕相处，从来没有任何矛盾。值得回忆的事情实在太多太多了；即使回忆困难时期的情景，这回忆也仍然是甜蜜的。这些回忆一时是写不完的。因此我也就不再写下去了。

离开德国以后，在瑞士停留期间，我曾给女房东写过几次信。回国以后，在北平，我费了千辛万苦，弄到了一罐美国咖啡，大喜若狂。我知道，她同许多德国人一样，嗜咖啡若命。我连忙跑到邮局，把邮包寄走，期望它能越过千山万水，送到老太太手中，让她在孤苦伶仃的生活中获得一点喜悦。我不记得收到了她的回信。到了五十年代，“海外关系”成了十分危险的东西。我再也不敢写信给她，从此便云天渺茫，互不相闻。正如杜甫所说的“明日隔山岳，世事两茫茫”了。

1983 年，在离开哥廷根将近四十年之后，我又回到了我的第二故乡。我特意挤出时间，到我的故居去看了看。房子整洁如故，四十年漫长岁月的痕迹一点也看不出来。我走上三楼，我的住房门外的铜牌上已经换了名字。我也无从打听女房东的下落，她恐怕早已离开了人世，同她丈夫一起，静卧在公墓的一个角落里。我回首前尘，百感交集。人生本来就是这样，我有什么办法呢？我只有虔心祷祝她那在天之灵——如果有的话——永远安息。

《平凡而伟大的学者——于道泉》序

老友于道泉先生离开我们已经颇有些年头了。然而，他的音容笑貌至今还不时在我耳边、眼前飘动。可见他留给我的印象之深刻了。

古今中外的学术史、艺术史等里面都提供了一些例证，证明大凡有天才的人，其言论行动，在平常人眼中都难免有点怪。怪者，和平常人不同也。中国的米颠拜石不是传为千古佳话了吗?

于道泉先生是一个有天才的人，他的行动也常常被人认为是“怪”。这一点，连他自己都有所感知。记得有一次他亲口对我说:“我的脑筋大概是有点问题。”关于这方面的传闻，那就更多了。据说，他为了学习西藏文和蒙古文，干脆搬进了雍和宫，同蒙古喇嘛住在一起，因此得了一个绰号“于喇嘛”。他在巴黎时，听说西红柿极有营养，于是天天只吃西红柿，一天吃五六斤之多，结果泻了肚。在伦敦时，适逢陈寅恪先生在那里治疗眼疾。为了给寅恪先生解闷，他天天到医院里去给陈先生读书，读报。读的书中就有马克思的《资本论》。但是同时他在研究“鬼学”，他相信有鬼。离开北大到民族学院以后，他曾研究过无土种植，后来又研究号码代音字问题。总之，这些行动都被认为是“怪”的。

为什么这样的“怪”会同天才联系在一起呢？一个有天才的人，认准了一个问题，于是心无旁骛，精神专注，此时此刻，世界万有不存在了，芸芸众生不存在了，是非得失不存在了，飞黄腾达不存在了，在茫茫的宇宙中，只有他眼前的这一个问题，这一件事物。在这样的情况下，他焉能不发古人未发之覆，焉能不向绝对真理走近一步呢？

但是，在平凡的人类眼中，这就叫做“怪”，于道泉先生就是这样的一个怪人。

对于于道泉先生，还必须进一步更深入更彻底地挖掘一下。我们平常赞美一个人，说他“淡泊名利”，这已经是很高的赞誉了。然而，放在于道泉先生身上，这是远远不够的。他早已超越了“淡泊名利”的境界，依我看，他是根本不知道，或者没有意识到，世界上还有名利二字。他的这种超越，同尘世间庸俗之辈的蝇营狗苟的争名夺利的行径比较起来，有如天渊。于道泉先生是我们的楷模。

因为于道泉先生留下的学术著作不多，他那学富五车、满腹经纶的学养，今天很多青年学人都不知道了。这是极可惋惜的事。现在王尧教授编集成了这样一本书，发潜德之幽光，垂厚爱于未来，使于道泉先生这样一颗在中国学术界的天空里的流星又发出了璀璨明亮的光辉。我们都要感谢王尧教授。

2000 年 12 月 13 日

悼念邓广铭先生

我认识恭三（邓先生之字）已经很有些年头了。因为同是山东老乡，我们本应该在20年代前期就在济南认识的。但因他长我四岁，中学又不在一个学校，所以在那里竟交臂失之，一直到了30年代前期才在北京相识，仍然没有多少来往。紧接着，我又远适异域，彼此不相闻者十余年。1946年，我从欧洲回国，来北大任教。当时恭三是胡适之校长的秘书。我每每到沙滩旧北大孑民堂前院东屋校长办公室去找胡先生，当然都会见到恭三，从此便有了比较多的来往，成了算是能够知心的朋友了。

恭三是历史学家，专门治宋史，卓有建树，腾誉国内外士林，为此道权威。先师陈寅恪先生有一个颇为独特的见解，他在《邓广铭宋史职官志考证序》中写道："华夏民族之文化，历数千载之演进，造极于赵宋之世。后渐衰微，终必复振。"而"复振"的希望有一部分他就寄托在恭三身上。他接着写道："宋代之史事，乃今日所亟应致力者。"然而这一件工作邓并不容易做，因为《宋史》阙误特多，而在诸正史中，卷帙最为繁多，由此可见，欲治《宋史》，必须有勇气，有学力。“数百年来，真能熟读之者，实无几人。”恭三就属于这仅有的“几人”之列。对于《宋史职官志考证》一书，陈先生的评价是：“其用力之勤，持论之慎，并世治宋史者，未能或之先也。”这是极高的评价。熟悉陈先生之为人者，都知道，陈先生从不轻易月旦人物，对学人也从未给予廉价的赞美之词。他对恭三的学术评价，实在值得我们注意和深思的。

近些年来，由于众所周知的原因，国内大学及科研机构中，从事人文社会科学的研究事业者，大都有后继乏人之慨叹。实际情况也确实是这样，确实值得人们的担忧。阻止或延缓这种危机的办法，目前还没有见到。有个别据要津者，本应亡羊补牢，但也迟迟不见行动，徒托空言，无济于事。这决非杞人忧天的想法，而是迫在眉睫的灾难。我辈这一批手无缚鸡之力的知识分子，虽然知之甚急，忧之极切，也只能“惊呼热中肠”而已。

在这样的危机中，宋史研究当然也不会例外。但是，恭三是有福的。他的最小的女儿邓小南，女承父业，接过了恭三研究宋史的衣钵，走上了研究宋史的道路，虽然年纪还轻，却已发表了一些颇见水平的论文，崭露头角，将来大成可期。恭三不出家门，就已后继有人，他可以含笑于九泉之下或九天上了。我也为老友感到由衷的高兴。

恭三离开我们时，已经达到九十岁高龄。在中国几千年的学术史上，我还想不起，哪一个学者曾活到这般年纪。但是，从他的身体状态，特别是心理状态上来看，他本来是还能活下去的。他虽身患绝症——他自己并不知道，但在病床上还讲到要回家来写他的《岳飞传》。我们也都希望，他真能够“岂止于米，相期以茶”。即使达不到一百零八岁的茶寿，但是九十九岁的白寿，或者一百岁的期颐，努一把力，还是有希望的。可是死生之事大矣，是不能由我们自己来决定的。我们含恨同他告别了。

回忆我们长达半个世纪的交谊，让我时有凄凉寂寞之感。解放前在沙滩时，我们时常在一起闲聊，上天下地，无所不聊；但是聊得最热烈的却是胡校长竞选国民党的国大代表和传说蒋介石放出风来有意推胡为总统的事。我们当时政治觉悟都不够高，但是，以我们那种很低的水平，也能够知道蒋介石之心是路人皆知。可笑或可悲的是，聪明如胡先生者竟颇有相信之意。我们共同的结论是，胡毕竟是一个书生，说不好听的，是一个书呆子。

以后不久，我同恭三等一批也是书呆子的人，迎来了解放，一时心情极为振奋。1962 年以后，朗润园六幢公寓楼落成，我们相继搬了进来。在风光旖旎的燕园中，此地更是特别秀丽幽静。虽然没有“四时不谢之花，八节长春之草”，却也有茂林修竹，翠湖青山。夏天红荷映日，冬日雪压苍松。这些当然都能令人赏心悦目，这已极为难得。但是，光有好风景，对一些书呆子如不佞者，还是不够的，我需要老朋友，需要素心人。陶渊明诗：“闻多素心人，乐与数晨夕。”这正是我所要求的，而我也确实得到了。当年全盛时期，张中行先生住在这里，虽然来往不多，但是早晨散步时，有时会不期而遇，双方相向拱手合十，聊上几句，就各奔前程了。这一早晨我胸中就暖融融的，其乐无穷。组缃是清华老友，也曾在这里住过。常见一个戴儿童遮阳帽的老头儿，独自坐在湖边木椅上，面对半湖朝日，西天红霞。我顾而乐之，认为这应当归入朗润几景之中。“素心人”中，当然有恭三在。我多次讲过，我是最不喜欢拜访人的人，我同恭三，除了在校内外开会时见面外，平常往还也不多。四五年前，我为写《糖史》查资料，我每天到北大图书馆去。回家时，常在路上碰到恭三，他每天上午 11 点前必到历史系办公室去取《参考消息》。他说，他故意把《参考消息》订在系里，以便每天往还，借以放步，锻炼身体。两个耄耋老人每天在湖边相遇，这也可以算是燕园后湖一景吧。

然而，光阴荏苒，时移世异，曾几何时，中行先生在校外找到房子，乔迁新居。虽然还时通音问，究亦不能在清晨湖畔，合十微笑了。我心头感到空荡荡的，大发思古之幽情。但是，中行先生还健在，同在一城中，楼多无阻拦，因此，心中尚能忍受得住。至于组缃和恭三，则情况迥乎不同。他们已相继走到了那一个长满了野百合花的地方，永远，永远地再也不回来了。此时，朗润园湖光依旧潋滟，山色依旧秀丽，车辆依旧奔驰，人物依旧喧闹。可是在我的心中，我却感到空虚、荒寒、寂寞、凄清，大有“前不见古人，后不见来者”之慨，真想“独怆然而涕下”了。默诵东坡词“人有悲欢离合，月有阴晴圆缺，此事古难全”，聊以排遣忧思而已。

中华民族毕竟是一个伟大的民族。四大发明，震撼寰宇，辉耀千古，我们在这里暂且不谈。我只谈一个词儿：“后死者”。在这世界上其他语言中还没有碰到过。从表面上来看，这只是一个非常普通的词儿。但仔细一探究，却觉其含义深刻，令人回味无穷。对已死的人来说，每一个活着的人都是一个“后死者”。可这个词儿里面蕴含着哀思、回忆，抚今追昔，还有责任、信托。已死者活在后死者的记忆中，后者有时还要完成前者未竟之业，接过他们手中曾握过的接力棒，继续飞驰，奔向前方，直到自己不得不把接力棒递给自己的“后死者”，自己又活到别人回忆里了。人生就是如此，无所用其愧恨。现在我自己成了一个“后死者”，感情中要承担所有沉重的负担。我愿意摆脱掉这种沉重的负担吗？我扪心自问：还不想摆脱，一点摆脱的计划都没有。我愿意背着这个沉重的“后死者”的十字架，一直背下去，直到非摆脱不行的时候。但愿那一天晚一点来，阿门！

1998 年 2 月 22 日

处世

缘分与命运

缘分与命运本来是两个词儿，都是我们口中常说，文中常写的。但是，仔细琢磨起来，这两个词儿含义极为接近，有时达到了难解难分的程度。

缘分和命运可信不可信呢？

我认为，不能全信，又不可不信。

我绝不是为算卦相面的“张铁嘴”、“王半仙”之流的骗子来张目。算八字算命那一套骗人的鬼话，只要一个异常简单的事实就能揭穿。试问普天之下——番邦暂且不算，因为老外那里没有这套玩意儿——同年、同月、同日、同时生的孩子有几万，几十万，他们一生的经历难道都能够绝对一样吗？绝对的不一样，倒近于事实。

可你为什么又说，缘分和命运不可不信呢？

我也举一个异常简单的事实。只要你把你最亲密的人，你的老伴——或者“小伴”，这是我创造的一个名词儿，年轻的夫妻之谓也——同你自己相遇，一直到“有情人终成了眷属”的经过回想一下，便立即会同意我的意见。你们可能是一个生在天南，一个生在海北，中间经过了不知道多少偶然的机遇，有的机遇简直是间不容发，稍纵即逝，可终究没有错过，你们到底走到一起来了。即使是青梅竹马的关系，也同样有个“机遇”问题。这种“机遇”是报纸上的词儿，哲学上的术语是“偶然性”，老百姓嘴里就叫做“缘分”或“命运”。这种情况，谁能否认，又谁能解释呢？没有办法，只好称之为缘分或命运。

北京西山深处有一座辽代古庙，名叫“大觉寺”。此地有崇山峻岭，茂林流泉，有三百年的玉兰树，二百年的藤萝花，是一个绝妙的地方。将近二十年前，我骑自行车去过一次。当时古寺虽已破败，但仍给我留下了深刻的印象，至今忆念难忘。去年春末，北大中文系的毕业生欧阳旭邀我们到大觉寺去剪彩。原来他下海成了颇有基础的企业家。他毕竟是书生出身，念念不忘为文化作贡献。他在大觉寺里创办了一个明慧茶院，以弘扬中国的茶文化。我大喜过望，准时到了大觉寺。此时的大觉寺已完全焕然一新，雕梁画栋，金碧辉煌，玉兰已开过而紫藤尚开，品茗观茶道表演，心旷神怡，浑然欲忘我矣。

将近一年以来，我脑海中始终有一个疑团：这个英年岐嶷的小伙子怎么会到深山里来搞这么一个茶院呢？前几天，欧阳旭又邀我们到大觉寺去吃饭。坐在汽车上，我不禁向他提出了我的问题。他莞尔一笑，轻声说：“缘分！”原来在这之前他携伙伴郊游，黄昏迷路，撞到大觉寺里来。爱此地之清幽，便租了下来，加以装修，创办了明慧茶院。

此事虽小，可以见大。信缘分与不信缘分，对人的心情影响是不一样的。信者胜可以做到不骄，败可以做到不馁，决不至胜则忘乎所以，败则怨天尤人。中国古话说："尽人事而听天命。"首先必须"尽人事"，否则馅儿饼决不会自己从天上落到你嘴里来。但又必须"听天命"。人世间，波诡云谲，因果错综。只有能做到"尽人事而听天命"，一个人才能永远保持心情的平衡。

1998 年 3 月 7 日

我害怕这样的“天才”

人类的智商是不平衡的，这种认识已经属于常识的范畴，无人会否认的。不但人类如此，连动物也不例外。我在乡下观察过猪，我原以为这蠢然一物，智商都一样，无所谓高低的。然而事实上猪们的智商颇有悬殊。我喜欢养猫，经我多年的观察，猫们的智商也不平衡，而且连脾气都不一样，颇使我感到新奇。

猪们和猫们有没有天才，我说不出。专就人类而论，什么叫做“天才”呢？我曾在一本书里或一篇文章里读到过一个故事。某某数学家，在玄秘深奥的数字和数学符号的大海里游泳，如鱼得水，圆融无碍。别人看不到的问题，他能看到；别人解答不了的方程式之类的东西，他能解答。于是，众人称之为“天才”。但是，一遇到现实生活中的问题，他的智商还比不了一个小学生。比如猪肉三角三分一斤，五斤猪肉共值多少钱呢？他瞠目结舌，无言以对。

因此，我得出一个结论："天才"即偏才。

在中国文学史或艺术史上，常常有几"绝"的说法。最多的是"三绝"，指的是诗、书、画三绝。所谓"绝"，就是超越常人，用一个现成的词儿，就是"天才"。可是，如果仔细分析起来，这个人在几绝中只有一项，或者是两项是真正的"绝"，为常人所不能及，其他几绝都是为了凑数凑上去的。因此，所谓"三绝"或几绝的"天才"，其实也是偏才。

可惜古今中外参透这一点的人极少极少，更多的是自命"天才"的人。这样的人老中青都有。他们仿佛是从菩提树下金刚台上走下来的如来佛，开口便昭告天下："天上天下，唯我独尊。"这种人最多是在某一方面稍有成就，便自命不凡起来，看不起所有的人，一副"天才气"，催人欲呕。这种人在任何团体中都不能团结同仁，有的竟成为害群之马。从前在某个大学中有一位年轻的历史教授，自命"天才"，瞧不起别人，说这个人是"狗蛋"，那个人是"狗蛋"。结果是投桃报李，群众联合起来，把"狗蛋"的尊号恭呈给这个人，他自己成了"狗蛋"。

这样的人在当今社会上并不少见，他们成为社会上不安定的因素。

蒙田在一篇名叫《论自命不凡》的随笔中写道：

对荣誉的另一种追求，是我们对自己的长处评价过高。这是我们对自己怀有的本能的爱，这种爱使我们把自己看得和我们的实际情况完全不同。

我决不反对一个人对自己本能的爱，应该把这种爱引向正确的方向。如果把它引向自命不凡，引向自命“天才”，引向傲慢，则会损己而不利人。

我害怕的就是这样的“天才”。

1999 年 7 月 25 日

老年十忌

我已经在本栏写过谈老年的文章，意犹未尽，再写“十忌”。

忌，就是禁忌，指不应该做的事情。人的一生，都有一些不应该做的事情，这是共性。老年是人生的一个阶段，有一些独特的不应该做的事情，这是特性，老年禁忌不一定有十个。我因受传统的“十全大补”、“某某十景”之类的“十”字迷的影响，姑先定为十个。将来或多或少，现在还说不准。骑驴看唱本，走着瞧吧。

一忌：说话太多。说话，除了哑巴以外，是每人每天必有的行动。有的人喜欢说话，有的人不喜欢，这决定于一个人的秉性，不能强求一律。我在这里讲忌说话太多，并没有“祸从口出”或“金人三缄其口”的涵义。说话惹祸，不在话多话少，有时候，一句话就能惹大祸。口舌惹祸，也不限于老年人，中年和青年都可能由此致祸。

我先举几个例子。

某大学有一位老教授，道德文章，有口皆碑。虽年逾耄耋，而思维敏锐，说话极有条理。不足之处是：一旦开口，就如悬河泄水，滔滔不绝；又如开了闸，再也关不住，水不断涌出。在那个大学里流传着一个传说：在学校召开的会上，某老一开口发言，有的人就退席回家吃饭，饭后再回到会场，某老谈兴正浓。据说有一次博士生答辩会，规定开会时间为两个半小时，某老参加，一口气讲了两个小时，这个会会是什么结果，答辩委员会的主席会有什么想法和措施，他会怎样抓耳挠腮，坐立不安，概可想见了。

另一个例子是一位著名的敦煌画家。他年轻的时候，头脑清楚，并不喜欢说话。一进入老境，脾气大变，也许还有点老年痴呆症的原因，说话既多又不清楚。有一年，在北京国家图书馆新建的大礼堂中召开中国敦煌吐鲁番学会的年会，开幕式必须请此老讲话。我们都知道他有这个毛病，预先请他夫人准备了一个发言稿，简洁而扼要，塞入他的外衣口袋里，再三叮嘱他，念完就退席。然而，他一登上主席台就把此事忘得一干二净，摆开架子，开口讲话，听口气是想从开天辟地讲起，如果讲到那一天的会议，中间至少有三千年的距离，主席有点沉不住气了。我们连忙采取紧急措施，把他夫人请上台，从他口袋里掏出发言稿，让他照念，然后下台如仪，会议才得以顺利进行。

类似的例子还可以举出一些来，我不再举了。根据我个人的观察，不是每一个老人都有这个小毛病，有的人就没有。我说它是“小毛病”，其实并不小。试问，我上面举出的开会的例子，难道那还不会制造极为尴尬的局面吗？当然，话又说了回来，爱说长话的人并不限于老年，中青年都有，不过以老年为多而已。因此，我编了四句话，奉献给老人：年老之人，血气已衰；煞车失灵，戒之在说。

二忌：倚老卖老。50年代和60年代前期，中国政治生活还比较（我只说是“比较”）正常的时候，周恩来招待外宾后，有时候会把参加招待的中国同志在外宾走后留下来，谈一谈招待中有什么问题或纰漏，有点总结经验的意味。这时候刚才外宾在时严肃的场面一变而为轻松活泼，大家都争着发言，谈笑风生，有时候一直谈到深夜。

有一次，总理发言时使用了中国常见的“倚老卖老”这个词儿。翻译一时有点迟疑，不知道怎样恰如其分地译成英文。总理注意到了，于是在客人走后就留下中国同志，议论如何翻译好这个词儿。大家七嘴八舌，最终也没能得出满意的结论。我现在查了两部《汉英词典》，都把这个词儿译为 To take advantage of one’s seniority or old age，意思是利用自己的年老，得到某一些好处，比如脱落形迹之类。我认为基本能令人满意的；但是“达到脱落形迹的目的”，似乎还太狭隘了一点，应该是“达到对自己有利的目的”。

人世间确实不乏“倚老卖老”的人，学者队伍中更为常见。眼前请大家自己去找。我讲点过去的事情，故事就出在清吴敬梓的《儒林外史》中。吴敬梓有刻画人物的天才，着墨不多，而能活灵活现。第十八回，他写了两个时文家。胡三公子请客：

> 四位走进书房，见上面席间先坐着两个人，方巾白须，大模大样，见四位进来，慢慢立起身。严贡生认得，便上前道："卫先生、随先生都在这里，我们公揖。"当下作过了揖，请诸位坐。那卫先生、随先生也不谦让，仍旧上席坐了。

倚老卖老，架子可谓十足。然而本领却并不怎么样，他们的诗，"且夫"、"尝谓"都写在内，其余也就是文章批语上采下来的几个字眼。一直到今天，倚老卖老，摆老架子的人大都如此。

平心而论，人老了，不能说是什么好事，老态龙钟，惹人厌恶；但也不能说是什么坏事。人一老，经验丰富，识多见广。他们的经验，有时会对个人，甚至对国家，有些用处的。但是，这种用处是必须经过事实证明的，自己一厢情愿地认为有用处，是不会取信于人的。另外，根据我个人的体验与观察，一个人，老年人当然也包括在里面，最不喜欢别人瞧不起他。一感觉到自己受了怠慢，心里便不是滋味，甚至怒从心头起，拂袖而去。有时闹得双方都不愉快，甚至结下怨仇。这是完全要不得的。一个人受不受人尊敬，完全决定于你有没有值得别人尊敬的地方。在这里，摆架子，倚老卖老，都是枉然的。

三忌：思想僵化。人一老，在生理上必然会老化；在心理上或思想上，就会僵化。此事理之所必然，不足为怪。要举典型，有鲁迅的九斤老太在。

从生理上来看，人的躯体是由血、肉、骨等物质的东西构成的，是物质的东西就必然要变化、老化，以至消逝。生理的变化和老化必然影响心理或思想，这是无法抗御的。但是，变化、老化或僵化却因人而异，并不能一视同仁。有的人早，有的人晚；有的人快，有的人慢。所谓老年痴呆症，只是老化的一个表现形式。

空谈无补于事，试举一标本，加以剖析。远在天边，近在眼前，标本就是我自己。

我已届九旬高龄，古今中外的文人能活到这个年龄者只占极少数。我不相信这是由于什么天老爷、上帝或佛祖的庇祐，而是享了新社会的福。现在，我目虽不太明，但尚能见物；耳虽不太聪，但尚能闻声。看来距老年痴呆和八宝山还有一段距离，我也还没有这样的计划。

但是，思想僵化的迹象我也是有的。我的僵化同别人或许有点不同：它一半自然，一半人为；前者与他人共之，后者则为我所独有。

我不是九斤老太一党，我不但不认为“一代不如一代”，而且确信“雏凤清于老凤声”。可是最近几年来，一批“新人类”或“新新人类”脱颖而出，他们好像是一批外星人，他们的思想和举止令我迷惑不解，惶恐不安。这算不算是自然的思想僵化呢？

至于人为的思想僵化，则多一半是一种逆反心理在作祟。就拿穿中山装来作例子。我留德十年，当然是穿西装的。解放以后，我仍然有时改着西装。可是改革开放以来，不知从哪吹来了一股风，一夜之间，西装遍神州大地矣。我并不反对穿西装；但我不承认西装就是现代化的标志，而且打着领带锄地，我也觉得滑稽可笑。于是我自己就“僵化”起来，从此再不着西装，国内国外，大小典礼，我一律蓝色卡其布中山装一袭，以不变应万变矣。

还有一个“化”，我不知道怎样称呼它。世界科技进步，一日千里，没有科技，国难以兴，事理至明，无待赘言。科技给人类带来的幸福，也是有目共睹的。但是，它带来了危害，也无法掩饰。世界各国现在都惊呼环保，环境污染难道不是科技发展带来的吗？犹有进者。我突然感觉到，科技好像是龙虎山张天师镇妖瓶中放出来的妖魔，一旦放出来，你就无法控制。只就克隆技术一端言之，将来能克隆人，指日可待。一旦实现，则人类社会迄今行之有效的法律准则和伦理规范，必遭破坏。将来的人类社会变成什么样的社会呢？我有点不寒而栗。这似乎不尽属于“僵化”范畴，但又似乎与之接近。

四忌：不服老。服老，《现代汉语词典》的解释：“承认年老”，可谓简明扼要。人上了年纪，是一个客观事实，服老就是承认它，这是唯物主义的态度。反之，不承认，也就是不服老倒接近唯心了。

中国古代的历史记载和古典小说中，不服老的例子不可胜数，尽人皆知，无须列举。但是，有一点我必须在这里指出来：古今论者大都为不服老唱赞歌，这有点失于偏颇，绝对地无条件地赞美不服老，有害无益。

空谈无补，举几个实例，包括我自己。

1949 年春夏之交，解放军进城还不太久，忘记了是出于什么原因，毛泽东的老师徐特立约我在他下榻的翠明庄见面。我准时赶到，徐老当时年已过八旬，从楼上走下，卫兵想去扶他，他却不停地用胳膊肘捣卫兵的双手，一股不服老的劲头至今给我留下了难忘的印象。

再一个例子是北大 20 年代的教授陈翰笙先生。陈先生生于 1896 年，跨越了三个世纪，至今仍然健在。他晚年病目失明，但这丝毫也没有影响了他的活动，有会必到。有人去拜访他，他必把客人送到电梯门口。有时还会对客人伸一伸胳膊，踢一踢腿，表示自己有的是劲。前几年，每天还安排时间教青年英文，分文不取。这样的不服老我是钦佩的。

也有人过于服老。年不到五十，就不敢吃蛋黄和动物内脏，怕胆固醇增高。这样的超前服老，我是不敢钦佩的。

至于我自己，我先讲一段经历。是在1995年，当时我已经达到了84岁高龄。然而我却丝毫没有感觉到，不知老之已至，正处在平生写作的第二个高峰中。每天跑一趟北大图书馆，几达两年之久，风雪无阻。我已经有点忘乎所以了。一天早晨，我照例四点半起床，到东边那一单元书房中去写作。一转瞬间，肚子里向我发出信号：该填一填它了。一看表，已经六点多了。于是我放下笔，准备回西房吃早点。可是不知是谁把门从外面锁上了，里面开不开。我大为吃惊，回头看到封了顶的阳台上有一扇玻璃窗可以打开。我于是不加思索，立即开窗跳出，从窗口到地面约有一米八高。我一堕地就跌了一个大马趴，脚后跟有点痛。旁边就是洋灰台阶的角，如果脑袋碰上，后果真不堪设想，我后怕起来了。我当天上下午都开了会，第二天又长驱数百里到天津南开大学去作报告。脚已经肿了起来。第三天，到校医院去检查，左脚跟有点破裂。

我这样的不服老，是昏聩糊涂的不服老，是绝对要不得的。

我在上面讲了不服老的可怕，也讲到了超前服老的可笑。然则何去何从呢？我认为，在战略上要不服老，在战术上要服老，二者结合，庶几近之。

五忌：无所事事。这是一个比较复杂的问题，必须细致地加以分析，区别对待，不能一概而论。

达官显宦，在退出政治舞台之后，幽居府邸，“庭院深深深几许”，我辈槛外人无法窥知，他们是无所事事呢，还是有所事事，无从谈起，姑存而不论。

富商大贾，一旦钱赚够了，年纪老了，把事业交给儿子、女儿或女婿，他们是怎样度过晚年的，我们也不得而知，我们能知道的只是钞票不能拿来炒着吃。这也姑且存而不论。

说来说去，我所能够知道的只是工、农和知识分子这些平头老百姓。中国古人说：“一事不知，儒者之耻。”今天，我这个“儒者”却无论如何也没有胆量说这样的大话。我只能安分守己，夹起尾巴来做人，老老实实地只谈论老百姓的无所事事。

我曾到过承德，就住在避暑山庄对面的一旅馆里。每天清晨出门散步，总会看到一群老人，手提鸟笼，把笼子挂在树枝上，自己则分坐在山庄门前的石头上，“闲坐说玄宗”。一打听，才知道他们多是旗人，先人是守卫山庄的八旗兵，而今老了，无所事事，只有提鸟笼子。试思：他们除了提鸟笼子外还能干什么呢？他们这种无所事事，不必深究。

北大也有一批退休的老工人，每日以提鸟笼为业。过去他们常聚集在我住房附近的一座石桥上，鸟笼也是挂在树枝上，笼内鸟儿放声高歌，清脆嘹亮。我走过时，也禁不住驻足谛听，闻而乐之。这一群工人也可以说是无所事事，然而他们又怎样能有所事事呢？

现在我只能谈我自己也是其中一分子，因而我最了解情况的知识分子。国家给年老的知识分子规定了退休年龄，这是合情合理的，应该感激的。但是，知识分子行当不同，身体条件也不相同。是否能做到老有所为，完全取决于自己，不取决于政府。自然科学和技术，我不懂，不敢瞎说。至于人文社会科学，则我是颇为熟悉的。一般说来，社会科学的研究不靠天才火花一时的迸发，而靠长期积累。一个人到了六十多岁退休的关头，往往正是知识积累和资料积累达到炉火纯青的时候。一旦退下，对国家和个人都是一个损失。有进取心有干劲者，可能还会继续干下去的。可是大多数人则无所事事。我在南北几个大学中都听到了有关“散步教授”的说法，就是，一个退休教授天天在校园里溜达，成了全校著名的人物。我没同“散步教授”谈过话，不知道他们是怎样想的。估计他们也不会很舒服。锻炼身体，未可厚非。但是，整天这样“锻炼”，不也太乏味太单调了吗？学海无涯，何妨再跳进去游泳一番，再扎上两个猛子，不也会身心两健吗？蒙田说得好：“如果大脑有事可做，有所制约，它就会在想象的旷野里驰骋，有时就会迷失方向。”

六忌：提当年勇。

我做了一个梦。我驾着祥云或别的什么云，飞上了天宫，在凌霄宝殿多功能厅里，参加了一个务虚会。第一个发言的是项羽。他历数早年指挥雄师数十万，横行天下，各路诸侯皆俯首称臣，他是诸侯盟主，颐指气使，没有敢违抗者。鸿门设宴，吓得刘邦像一只小耗子一般。说到尽兴处，手舞足蹈，吐沫星子乱溅。这时忽然站起来了一位天神，问项羽：四面楚歌、乌江自刎是怎么一回事呀？项羽立即垂下了脑袋，仿佛是一个泄了气的皮球。

第二个发言的是吕布，他手握方天画戟，英气逼人。他放言高论，大肆吹嘘自己怎样戏貂婵，杀董卓，为天下人民除害；虎牢关力敌关、张、刘三将，天下无敌。正吹得眉飞色舞，一名神仙忽然高声打断了他的发言：“白门楼上向曹操下跪，恳求饶命，大耳贼刘备一句话就断送了你的性命，是怎么一回事呢？”吕布面色立变，流满了汗，立即下台，像一只斗败了的公鸡。

第三个发言的是关羽。他久处天宫，大地上到处都有关帝庙，房子多得住不过来。他威仪俨然，放不下神架子。但发言时，一谈到过五关斩六将，用青龙偃月刀挑起曹操捧上的战袍时，便不禁圆睁丹凤眼，猛抖卧蚕眉，兴致淋漓，令人肃然。但是又忽然站起了一位天官，问道：“夜走麦城是怎么一回事呢？”关公立即放下神架子，神色仓皇，脸上是否发红，不得而知，因为他的脸本来就是红的。他跳下讲台，在天宫里演了一出夜走麦城。

我听来听去，实在厌了，便连忙驾祥云回到大地上，正巧落在绍兴，又正巧阿Q被小D抓住辫子往墙上猛撞，阿Q大呼：“我从前比你阔得多了！”可是小D并不买账。

谁一看都能知道，我的梦是假的。但是，在芸芸众生中，特别是在老年中，确有一些人靠自夸当年勇来过日子。我认为，这也算是一种自然现象。争胜好强也许是人类一种本能。但一旦年老，争胜有心，好强无力，便难免产生一种自卑情结。可又不甘心自卑，于是只有自夸当年勇一途，可以聊以自慰。对于这种情况，别人是爱莫能助的。“解铃还需系铃人”，只有自己随时警惕。

现在有一些得了世界冠军的运动员有一句口头禅：从零开始。意思是，不管冠军或金牌多么灿烂辉煌，一旦到手，即成过去，从现在起又要从零开始了。

我觉得，从零开始是唯一正确的想法。

七忌：自我封闭。这里专讲知识分子，别的界我不清楚。但是，行文时也难免涉及社会其他阶层。

中国古人说：“人生识字忧患始。”其实不识字也有忧患。道家说，万物方生方死。人从生下的一刹那开始，死亡的历程也就开始了。这个历程可长可短，长可能到一百年或者更长，短则几个小时，几天，少年夭折者有之，英年早逝者有之，中年弃世者有之，好不容易，跌跌撞撞，坎坎坷坷，熬到了老年，早已心力交瘁了。

能活到老年，是一种幸福，但也是一种灾难。并不是每一个人都能活到老年，所以说是幸福。但是老年又有老年的难处，所以说是灾难。

老年人最常见的现象或者灾难是自我封闭。封闭，有行动上的封闭，有思想感情上的封闭，形式和程度又因人而异。老年人有事理广达者，有事理欠通达者。前者比较能认清宇宙万物以及人类社会发展的规律，了解到事物的改变是绝对的，不变是相对的，千万不要要求事物永恒不变。后者则相反，他们要求事物永恒不变；即使变，也是越变越坏，上面讲到的九斤老太就属于此类人。这一类人，即使仍然活跃在人群中，但在思想感情方面他们却把自己严密地封闭起来了。这是最常见的一种自我封闭的形式。

空言无益，试举几个例子。

我在高中读书时，有一位教经学的老师，是前清的秀才或举人。“五经”和“四书”背得滚瓜烂熟，据说还能倒背如流。他教我们《书经》和《诗经》，从来不带课本，业务是非常熟练的。

可学生并不喜欢他。因为他张口闭口：“我们大清国怎样怎样。”学生就给他起了一个浑名“大清国”，他真实的姓名反隐而不彰了。我们认为他是老顽固，他认为我们是新叛逆。我们中间不是代沟，而是万丈深渊，是他把自己完全封闭起来了。

再举一个例子。我有一位老友，写过新诗，填过旧词，毕生研究中国文学史，都达到了相当高的水平。他为人随和，性格开朗，并没有什么乖僻之处。可是，到了最近几年，突然产生了自我封闭的现象，不参加外面的会，不大愿意见人，自己一个人在家里高声唱歌。我曾几次以老友的身份，劝他出来活动活动，他都婉言拒绝。他心里是怎样想的，至今对我还是一个谜。

我认为，老年人不管有什么形式的自我封闭现象，都是对个人健康不利的。我奉劝普天下老年人力矫此弊。同青年人在一起，即使是“新新人类”吧，他们身上的活力总会感染老年人的。

八忌：叹老嗟贫。叹老嗟贫，在中国的读书人中，是常见的现象，特别是所谓怀才不遇的人们中，更是特别突出。我们读古代诗文，这样的内容随时可见。在现代的知识分子中，这样的现象比较少见了，难道这也是中国知识分子进化或进步的一种表现吗？

我认为，这是一个十分值得研究的课题。它是中国知识分子学和中西知识分子比较学的重要内容。

我为什么又拉扯上了西方知识分子呢？因为他们与中国的不同，是现成的参照系。

西方的社会伦理道德标准同中国不同，实用主义色彩极浓。一个人对社会有能力作贡献，社会就尊重你。一旦人老珠黄，对社会没有用了，社会就丢弃你，包括自己的子孙也照样丢弃了你，社会舆论不以为忤。当年我在德国哥廷根时，章士钊的夫人也同儿子住在那里，租了一家德国人的三楼居住。我去看望章伯母时，走过二楼，经常看到一间小屋关着门，门外地上摆着一碗饭，一丝热气也没有。我最初认为是喂猫或喂狗用的。后来一打听，才知道是给小屋内卧病不起的母亲准备的饭菜。同时，房东还养了一条大狼狗，一天要吃一斤牛肉。这种天上人间的情况无人非议，连躺在小屋内病床上的老太太大概也会认为所有这一切都是顺理成章的吧。

在这种狭隘的实用主义大潮中，西方的诗人和学者极少极少写叹老嗟贫的诗文。同中国比起来，简直不成比例。

在中国，情况则大大地不同。中国知识分子一向有“学而优则仕”的传统。过去一千多年以来，仕的途径只有一条，就是科举。“千军万马独木桥”，所有的读书人都拥挤在这一条路上，从秀才一举人向上爬，爬到进士参加殿试，僧多粥少，极少数极幸运者可以爬完全程，“仕宦而至将相，富贵而归故乡”，达到这个目的万中难得一人。大家只要读一读《儒林外史》，便一目了然。在这样的情况下，倘若科举不利，老而又贫，除了叹老嗟贫以外，实在无路可走了。古人说“诗必穷而后工”，其中“穷”字也有科举不利这个涵义。古代大官很少有好诗文传世，其原因实在耐人寻味。

今天，时代变了。但是“学而优则仕”的幽灵未泯，学士、硕士、博士、院士代替了秀才、举人、进士、状元。骨子里并没有大变。在当今知识分子中，一旦有了点成就，便立即戴上一顶乌纱帽，这现象难道还少见吗？

今天的中国社会已能跟上世界潮流，但是，封建思想的残余还不容忽视。我们都要加以警惕。

九忌：老想到死。好生恶死，为所有生物之本能。我们只能加以尊重，不能妄加评论。

作为万物之灵的人，更是不能例外。俗话说："黄泉路上无老少。"可是人一到了老年，特别是耄耋之年，离开那一个长满了野百合花的地方越来越近了，此时常想到死，更是非常自然的。

今人如此，古人何独不然！中国古代的文学家、思想家、骚人、墨客大都关心生死问题。根据我个人的思考，各个时代是颇不相同的。两晋南北朝时期似乎更为关注。粗略地划分一下，可以分为三派。第一派对死十分恐惧，而且敢于十分坦荡地说了出来。这一派可以江淹为代表。他的《恨赋》一开头就说："试望平原，蔓草萦骨，拱木敛魂。人生到此，天道宁论。"最后几句话是："自古皆有死。莫不饮恨而吞声。"话说得再清楚不过了。

第二派可以"竹林七贤"为代表。《世说新语·任诞第二十三》第一条就讲到阮籍、嵇康、山涛、刘伶、阮咸、向秀和王戎"常集于竹林之中，肆意酣畅"，这是一群酒徒。其中最著名的刘伶命人荷锹跟着他，说："死便埋我！"对死看得十分豁达。实际上，情况正相反，他们怕死怕得发抖，聊作姿态以自欺欺人耳。其中当然还有逃避残酷的政治迫害的用意。

第三派可以陶渊明为代表。他的意见具见他的诗《神释》

中。诗中有这样的话："老少同一死，贤愚无复数。日醉或能忘，将非促龄具！立善常所欣，谁当为此举？甚念伤吾生，正宜委运去。纵浪大化中，不喜亦不惧。应尽便须尽，无复独多虑。"他反对酣酒麻醉自己，也反对常想到死。我认为，这是最正确的态度。最后四句诗成了我的座右铭。

我在上面已经说到，老年人想到死，是非常自然的。关键是：想到以后，自己抱什么态度。惶惶不可终日，甚至饮恨吞声，是最要不得，这样必将成陶渊明所说的"促龄具"。最正确的态度是顺其自然，泰然处之。

鲁迅不到五十岁，就写了有关死的文章。王国维则说："五十之年，只欠一死。"结果投了昆明湖。我之所以能泰然处之，有我的特殊原因。"十年浩劫"中，我已走到过死亡的边缘上，一个千钧一发的偶然性救了我。从那以后，多活一天，我都认为是多赚的。因此就比较能对死从容对待了。

我在这里诚挚奉劝普天之下的年老又通达事理的人，偶尔想一下死，是可以的；但不必老想。我希望大家都像我一样，以陶渊明《神释》诗最后四句为座右铭。

十忌：愤世嫉俗。愤世嫉俗这个现象，没有时代的限制，也没有年龄的限制。古今皆有，老少具备，但以年纪大的人为多。它对人的心理和生理都会有很大的危害，也不利于社会的安定团结。

世事发生必有其因。愤世嫉俗的产生也自有其原因。归纳起来，约有以下诸端：

首先，自古以来，任何时代，任何朝代，能完全满足人民大众的愿望者，绝对没有。不管汉代的文景之治怎样美妙，唐代的贞观之治和开元之治怎样理想，宫廷都难免腐败，官吏都难免贪污，百姓就因而难免不满，其尤甚者就是愤世嫉俗。

其次，“学而优则仕”达不到目的，特别是科举时代名落孙山者，人不在少数，必然愤世嫉俗。这在中国古代小说中可以找出不少的典型。

再次，古今中外都不缺少自命天才的人。有的真有点天才或者才干，有的则只是个人妄想，但是别人偏不买账，于是就愤世嫉俗。其尤甚者，如西方的尼采要“重新估定一切价值”，又如中国的徐文长。结果无法满足，只好自己发了疯。

最后，也是最常见的，对社会变化的迅猛跟不上，对新生事物看不顺眼，是九斤老太一党；九斤老太不识字，只会说：“一代不如一代”，识字的知识分子，特别是老年人，便表现为愤世嫉俗，牢骚满腹。

以上只是一个大体的轮廓，不足为据。

在中国文学史上，愤世嫉俗的传统，由来已久。《楚辞》的“黄钟毁弃，瓦缶雷鸣”等语就是最早的证据之一。以后历代的文人多有愤世嫉俗之作，形成了知识分子性格上一大特点。

我也算是一个知识分子，姑以我自己为麻雀，加以剖析。

愤世嫉俗的情绪和言论，我也是有的。但是，我又有我自己的表现方式。我往往不是看到社会上的一些不正常现象而牢骚满腹，怪话连篇，而是迷惑不解，惶恐不安。我曾写文章赞美过代沟，说代沟是人类进步的象征。这是我真实的想法。可是到了目前，我自己也傻了眼，横亘在我眼前的像我这样老一代人和一些“新人类”、“新新人类”之间的代沟，突然显得其阔无限，其深无底，简直无法逾越了，仿佛把人类历史断成了两截。我感到恐慌，我不知道这样发展下去将伊于胡底。我个人认为，这也是愤世嫉俗的一种表现形式，是要不得的；可我一时又改变不过来，为之奈何！

我不知道，与我想法相同或者相似的有没有人在，有的话，究竟有多少人。我想来想去，觉得还是毛泽东的两句诗好：“牢骚太盛防肠断，风物常宜放眼量。”

2000 年 2 月 22 日写毕

做人与处世

一个人活在世界上，必须处理好三个关系：第一，人与大自然的关系；第二，人与人的关系，包括家庭关系在内；第三，个人心中思想与感情矛盾与平衡的关系。这三个关系，如果能处理得好，生活就能愉快；否则，生活就有苦恼。

人本来也是属于大自然范畴的。但是，人自从变成了“万物之灵”以后，就同大自然闹起独立来，有时竟成了大自然的对立面。人类的衣食住行所有的资料都取自大自然，我们向大自然索取是不可避免的。关键是，怎样去索取？索取手段不出两途：一用和平手段，一用强制手段。我个人认为，东西文化之分野，就在这里。西方对待大自然的基本态度或指导思想是“征服自然”，用一句现成的套话来说，就是用处理敌我矛盾的方法来处理人与大自然的关系。结果呢，从表面上看上去，西方人是胜利了，大自然真的被他们征服了。自从西方产业革命以后，西方人屡创奇迹。楼上楼下，电灯电话。大至宇宙飞船，小至原子，无一不出自西方“征服者”之手。

然而，大自然的容忍是有限度的，它是能报复的，它是能惩罚的。报复或惩罚的结果，人皆见之，比如环境污染，生态失衡，臭氧层出洞，物种灭绝，人口爆炸，淡水资源匮乏，新疾病产生，如此等等，不一而足。这些弊端中哪一项不解决都能影响人类生存的前途。我并非危言耸听，现在全世界人民和政府都高呼环保，并采取措施。古人说：“失之东隅，收之桑榆。”犹未为晚。

中国或者东方对待大自然的态度或哲学基础是“天人合一”。宋人张载说得最简明扼要：“民，吾同胞；物，吾与也。”“与”的意思是伙伴。我们把大自然看作伙伴，可惜我们的行为没能跟上。在某种程度上，也采取了“征服自然”的办法，结果也受到了大自然的报复。前不久南北的大洪水不是很能发人深省吗?

至于人与人的关系，我的想法是：对待一切善良的人，不管是家属，还是朋友，都应该有一个两字箴言：一曰真，二曰忍。真者，以真情实意相待，不允许弄虚作假。对待坏人，则另当别论。忍者，相互容忍也。日子久了，难免有点磕磕碰碰。在这时候，头脑清醒的一方应该能够容忍。如果双方都不冷静，必致因小失大，后果不堪设想。唐朝张公艺的“百忍”是历史上有名的例子。

至于个人心中思想感情的矛盾，则多半起于私心杂念。解之之方，唯有消灭私心，学习诸葛亮的“淡泊以明志，宁静以致远”，庶几近之。

1998 年 11 月 17 日

漫谈“毫不利己，专门利人”

——赠301医院宋守礼大夫

中国是一个最注重伦理道德和个人修养的国家。经过几千年的传承和发展，我们提出了不少的教条。有的明白易行，所以就流行开来。这大大有助于我们社会的发展。

但是有一些教条，提得过于苛细，令人望而却步。比如“毫不利己，专门利人”就是。

我们平常常用“好人”和“坏人”这样的词儿。中学读过的伦理学这一门学科好像也没有给出明确的定义。最后是一笔糊涂账，只能由个人的理解来决定。

根据我自己的观察和实践，我觉得，在现如今社会上存在的成百上千的职业行当中，最接近毫不利己、专门利人这个标准的是医生。病人到医院里来是想把病治好，大夫的唯一的职责是治好病，这就给毫不利己专门利人打下了基础。

如果我们再把思路放宽，再想得远一点，想到眼前这一群英气勃勃的男女大夫以及护士小姐们当年下决心学医的时候，他们的动机何在？我们医学行道以外的人，当然回答不出来。连他们自己也未必能说得清楚。但是，我认为，倘若拿出毫不利己、专门利人这两把尺子来衡量一下，则虽不中不远矣。这两句短语所表现的，是极高的人生精神境界，是极高的道德规范，还得加上一点天赋，不是唾手可得的，万不可掉以轻心。

理论易找，事实难寻。其实，事实也并不难寻。远在天边，近在眼前。现在坐在我面前的301医院的宋守礼大夫，就是一个活生生的标本。

知足知不足

曾见冰心老人为别人题座右铭："知足知不足，有为有不为。"言简意赅，寻味无穷。特写短文两篇，稍加诠释。先讲知足知不足。

中国有一句老话"知足常乐"，为大家所遵奉。什么叫"知足"呢？还是先查一下字典吧。《现代汉语词典》说："知足：满足于已经得到的（指生活、愿望等）。"如果每个人都能满足于已经得到的东西，则社会必能安定，天下必能太平，这个道理是显而易见的。可是社会上总会有一些人不安分守己，癞蛤蟆想吃天鹅肉。这样的人往往要栽大跟头的。对他们来说，"知足常乐"这句话就成了灵丹妙药。

但是，知足或者不知足也要分场合的。在旧社会，穷人吃草根树皮，阔人吃燕窝鱼翅。在这样的场合下，你劝穷人知足，能劝得动吗？正相反，应当鼓励他们不能知足，要起来斗争。这样的不知足是正当的，是有重大意义的，它能伸张社会正义，能推动人类社会前进。

除了场合以外，知足还有一个分的问题。什么叫分？笼统言之，就是适当的限度。人们常说的“安分”、“非分”等等，指的就是限度。这个限度也是极难掌握的，是因人而异、因地而异的。勉强找一个标准的话，那就是“约定俗成”。我想，冰心老人之所以写这一句话，其意不过是劝人少存非分之想而已。

至于知不足，在汉文中虽然字面上相同，其涵义则有差别。这里所谓“不足”，指的是“不足之处”，“不够完美的地方”。这句话同“自知之明”有联系。

自古以来，中国就有一句老话：“人贵有自知之明。”这一句话暗示给我们，有自知之明并不容易，否则这一句话就用不着说了。事实上也确实如此。就拿现在来说，我所见到的人，大都自我感觉良好。专以学界而论，有的人并没有读几本书，却不知天高地厚，以天才自居，靠自己一点小聪明——这能算得上聪明吗？——狂傲恣睢，骂尽天下一切文人，大有用一枚毛锥横扫六合之慨，令明眼人感到既可笑，又可怜。这种人往往没有什么出息的。因为，又有一句中国老话：“学如逆水行舟，不进则退。”还有一句中国老话“学海无涯”，说的都是真理。但在这些人眼中，他们已经穷了学海之源，往前再没有路了，进步是没有必要的。他们除了自我欣赏之外，还能有什么出息呢？

古代希腊也认为自知之明是可贵的，所以语重心长地说出了:“要了解你自己！”中国同希腊相距万里，可竟说了几乎是一模一样的话，可见这些话是普遍的真理。中外几千年的思想史和科学史，也都证明了一个事实：只有知不足的人才能为人类文化作出贡献。

2001 年 2 月 21 日

有为有不为

“为”，就是“做”。应该做的事，必须去做，这就是“有为”。不应该做的事必不能做，这就是“有不为”。

在这里，关键是“应该”二字。什么叫“应该”呢？这有点像仁义的“义”字。韩愈给“义”字下的定义是“行而宜之之谓义”。“义”就是“宜”。而“宜”就是“合适”，也就是“应该”，但问题仍然没有解决。要想从哲学上从伦理学上说清楚这个问题，恐怕要写上一篇长篇论文，甚至一部大书。我没有这个能力，也认为根本无此必要。我觉得，只要诉诸一般人都能够有的良知良能，就能分辨清是非善恶了，就能知道什么事应该做，什么事不应该做了。

中国古人说：“勿以善小而不为，勿以恶小而为之。”可见善恶是有大小之别的，应该不应该也是有大小之别的，并不是都在一个水平上。什么叫大，什么叫小呢？这里也用不着繁琐的论证，只须动一动脑筋，睁开眼睛看一看社会，也就够了。

小恶、小善，在日常生活中，随时可见。比如在公共汽车上给老人和病人让座，能让，算是小善；不能让，也只能算是小恶，够不上大逆不道。然而，从那些一看到有老人或病人上车就立即装出闭目养神的样子的人身上，不也能由小见大看出了社会道德的水平吗？

至于大善大恶，目前社会中也可以看到，但在历史上却看得更清楚。比如宋代的文天祥。他为元军所虏。如果他想活下去，屈膝投敌就行了，不但能活，而且还能有大官做，最多是在身后被列入“贰臣传”，“身后是非谁管得”，管那么多干嘛呀。然而他却高赋《正气歌》，从容就义，留下英名万古传，至今还在激励着我们全国人民的爱国热情。

通过上面举的一个小恶的例子和一个大善的例子，我们大概对大小善和大小恶能够得到一个笼统的概念了。凡是对国家有利，对人民有利，对人类发展、前途有利的事情就是大善，反之就是大恶。凡是对处理人际关系有利，对保持社会安定团结有利的事情可以称之为小善，反之就是小恶。大小之间有时难以区别，这只不过是一个大体的轮廓而已。

大小善和大小恶有时候是有联系的。俗话说：千里之堤，溃于蚁穴。拿眼前常常提到的贪污行为而论。往往是先贪污少量的财物，心里还有点打鼓。但是，一旦得逞，尝到甜头，又没被人发现，于是胆子越来越大，贪污的数量也越来越多，终至于一发而不可收拾，最后受到法律的制裁，悔之晚矣。

也有个别的识时务者，迷途知返，就是所谓浪子回头者，然而难矣哉！

我的希望很简单，我希望每个人都能有为有不为。一旦“为”错了，就毅然回头。

2001 年 2 月 23 日

论恐惧

法国大散文家和思想家蒙田写过一篇散文《论恐惧》。他一开始就说："我并不像有人认为的那样是研究人类本性的学者，对于人为什么恐惧所知甚微。"我当然更不是一个研究人类本性的学者，虽然在高中时候读过心理学这样一门课，但其中是否讲到过恐惧，早已忘到爪哇国去了。

可我为什么现在又写《论恐惧》这样一篇文章呢？

理由并不太多，也谈不上堂皇。只不过是因为我常常思考这个问题，而今又受到了蒙田的启发而已。好像是蒙田给我出了这样一个题目。

根据我读书思考的结果，也根据我自己的经验，恐惧这一种心理活动和行动是异常复杂的，决不是三言两语所能说得清楚的。人们可以从很多角度上来探讨恐惧问题。我现在谈一下我自己从一个特定角度上来研究恐惧现象的想法，当然也只能极其概括，极其笼统地谈。

我认为，应当恐惧而恐惧者是正常的，应当恐惧而不恐惧者是英雄，我们平常所说的从容镇定，处变不惊，就是指的这个。不应当恐惧而恐惧者是孱头。不应当恐惧而不恐惧者也是正常的。

两个正常的现象用不着讲，我现在专讲二三两个不正常的现象。要举事例，那就不胜枚举。我索性专门从《晋书》里面举出两个事例，两个都与苻坚有关。《谢安传》中有一段话："玄等既破坚，有驿书至，安方对客围棋，看书既，竟便摄放床上，了无喜色，棋如故。客问之，徐答曰：'小儿辈遂已破贼。'"苻坚大兵压境，作为大臣的谢安理当恐惧不安，然而却竟这样从容镇定，至今传颂不已。所以，我称之为英雄。

《晋书·苻坚传》有下面这几段话："谢石等以既败梁成，水陆继进。坚与苻融登城而望王师，见部阵齐整，将士精锐，又北望山上草木皆类人形，顾谓融曰：'此亦劲敌也，何谓少乎！'怃然有惧色。"下面又说："坚大惭，顾谓其夫人张氏曰：'朕若用朝臣之言，岂见今日之事耶！当何面目复临天下乎！'潸然流涕而去，闻风声鹤唳，皆谓晋师之至。"这活生生地画出了一个孱头。敌兵压境，应当振作起来，鼓励士兵，同仇敌忾，可是苻坚自己却先泄了气。这样的人不称为孱头，又称之为什么呢？结果留下了两句著名的话：风声鹤唳，草木皆兵，至今还活在人民的口中，也可以说是流什么千古了。

如果想从《论恐惧》这一篇短文里吸取什么教训的话，那就是明明白白地摆在眼前的。我们都要锻炼自己，对什么事情都不要惊慌失措，而要处变不惊。

2001 年 3 月 13 日

三思而行

“三思而行”，是我们现在常说的一句话。主要劝人做事不要鲁莽，要仔细考虑，然后行动，则成功的可能性会大一些，碰壁的可能性会小一些。

要数典而不忘祖，也并不难。这个典故就出在《论语·公冶长第五》:“季文子三思而后行。子闻之曰:‘再，斯可矣。’”这说明，孔老夫子是持反对意见的。吾家老祖宗文子（季孙行父）的三思而后行的举动，二千六七百年以来，历代都得到了几乎全天下人的赞扬，包括许多大学者在内。查一查《十三经注疏》，就能一目了然。《论语正义》说:“三思者，言思之多，能审慎也。”许多书上还表扬了季文子，说他是“忠而有贤行者”。甚至有人认为三思还不够。《三国志·吴志·诸葛恪传注》中说：有人劝恪“每事必十思”。可是我们的孔圣人却冒天下之大不韪，批评了季文子三思过多，只思二次（再）就够了。

这怎么解释呢？究竟谁是谁非呢？

我们必须先弄明白，什么叫“三思”。总起来说，对此有两个解释，一个是“言思之多”，这在上面已经引过。一个是“君子之谋也，始衷（中）终皆举之而后入焉”。这话虽为文子自己所说，然而孔子以及上万上亿的众人却不这样理解。他们理解，一直到今天，仍然是“多思”。

多思有什么坏处呢？又有什么好处呢？根据我个人几十年来的体会，除了下围棋、象棋等等以外，多思有时候能使人昏昏，容易误事。平常骂人说是“不肖子孙”，意思是与先人的行动不一样的人。我是季文子的最“肖”子孙。我平常做事不但三思，而且超过三思，是否达到了人们要求诸葛恪做的“十思”，没作统计，不敢乱说。反正是思过来，思过去，越思越糊涂，终而至头昏昏然，而仍不见行动，不敢行动。我这样一个过于细心的人，有时会误大事的。我觉得，碰到一件事，决不能不思而行，鲁莽行动。记得当年在德国时，法西斯统治正如火如荼，一些盲目崇拜希特勒的人，常常使用一个词儿 Darauf-galngertum，意思是“说干就干，不必思考”。这是法西斯的做法，我们必须坚决扬弃。遇事必须深思熟虑，先考虑可行性，考虑的方面越广越好。然后再考虑不可行性，也是考虑的方面越广越好。正反两面仔细考虑完以后，就必须加以比较，作出决定，立即行动。如果你考虑正面，又考虑反面之后，再回头来考虑正面，又再考虑反面，那么，如此循环往复，终无宁日，最终成为考虑的巨人，行动的侏儒。

所以，我赞成孔子的“再，斯可矣”。

1997年5月11日

《走向成熟丛书》序

周晓燕同志编好了一套《走向成熟丛书》，索序于我。我本来是不敢也不应该答应的。原因很简单。我现在已经到了望九之年，我把自己的青春时期抛在身后已经有六七十年了，怎敢再来指手画脚地谈论青年问题呢？

继而一想，又觉得应该写的。我虽不敢说"识途"，但毕竟是一匹"老马"，走过的桥比青年人走过的路还要长，路总会认一点的。在这样漫长的年代里，经验和教训总会有一点的。说我能完全了解今天的青年，那是不可能的。但自己毕竟是在大学中教书，有接触青年的机会。对青年还是多少有点了解的。我承认"代沟"，而且还写文章赞美过"代沟"。我同今天青年间的"代沟"，不知有多少代了。但是，我是相信"人同此心，心同此理"这句话的，我们之间总会有点共同语言的。既然有共同语言，又何妨讲一讲呢？除非有个别青年承认自己是"新人类"。"新人类"同我们旧人类之间应该有质的不同，这一条沟是无法逾越的，对其余的人我们总可以谈一谈的。我要谈的可能也是一些老生常谈的问题，卑之无甚高论。但其中也有一些我个人独特的看法。总而言之，我不想对青年们提出一些高而又高，玄而又玄的说教，谁也做不到的说教。过去我们已经有过足够的教训了。那样做，结果只能是“可怜无补费精神”。

对于人生，我曾有过一些考虑。我认为，每个人的诞生都是被动的，没有哪一个人，除了佛祖释迦牟尼以外，能够预先制订计划，然后选人、选地、选时，再诞生。至于死，绝大部分也是被动的，在这方面，人们可能有点主动性，那就是自杀。可谁愿意无缘无故地自杀呢？这一点主动权最好还是别用。我们大概都不大可能相信轮回转生的。因此，在千百亿万年中，我们仅有这一次生命，其可贵概可以想见了。我们万万不可掉以轻心，坐失良机。我们一定要好好地十分严肃而又慎重地度过这一生。

但是，什么叫“好好地”、“严肃而又慎重地”呢？我的意思就是不要虚度此生。我不大相信人性本善，我也不相信什么积累功德。但是，古人说：“人之所以异于禽兽者几希。”人类在生活实践中能逐渐培养成理智和良心，理智和良心就是“几希”之一。现在年轻人喜欢说：“实现人生的价值。”这是一句好话，一句含义深远的话，一句有出息的话。比那些浑浑噩噩，糊里糊涂生又糊里糊涂死，要高明得多。

但是，实现人生的价值，必须走正道。做坏事，伤天害理，损人而不利己，这是地地道道地破坏人生的价值。正确的人生价值在能利人、能推动社会前进，而又不损害自己。个人的利益，如果想完全否定，是非常难的，只要无损于别人，无损于社会，也是无可厚非、可以容许的。每个人在实现自己的人生价值时，千万不要忘记，不能损害别人实现自己的人生价值。曹操那一种“宁要我负天下人，不要天下人负我”，是绝对要不得的。

此外，还有一个自由问题。有人说：“不自由，毋宁死！”可见自由之重要。大家都想争自由，这本是很自然的。但是，我发现，争自由的人们忘记了一个显而易见的事实：在宇宙中，天底下，绝对的自由是没有的。宇宙中的星球，不管是恒星，还是行星，都各按其位，运行也有规律。只有彗星有时闹点自由化。但也无伤大雅。否则，如果星球都绝对自由了，必然会互相撞击，宇宙必然大乱，我们的地球也难以单独存在下去的。在人类社会中，情况相同。如果每个人都要求有绝对的自由，人与人必然会互相冲撞，结果会使社会不成其为社会，天下大乱，谁也难以生存。因此，自由必有所限制，社会必须定出法律，以约束限制人的行为。这样社会才可以存在，人人都可以生存。简单一句话：有点限制的自由才是真正的自由，绝对的自由是难以想象的。

上面讲的都是些空话，可又都是实话。具体的意见都见于周晓燕等同志的著作中，我不再啰嗦了。是为序。

1997 年 4 月 2 日